1+X 职业技能等级证书（服务机器人实施与运维）配套教材

服务机器人实施与运维
（初级）

组　编　深圳市优必选科技股份有限公司

主　编　李　适　　熊友军　　周龙彪

副主编　吴锦涛　　段苏月　　李恒熙

　　　　李晓明　　陈泽兰

参　编　庞建新　　刘　肖　　王　婷

　　　　唐欣玮　　彭　建　　王　雨

　　　　吴楚斌

机械工业出版社
CHINA MACHINE PRESS

本书参照《服务机器人实施与运维（初级）职业技能等级标准》，围绕服务机器人实施与运维的人才需求与岗位能力要求，以项目为导向，以任务为驱动，设计了八个学习项目：认识服务机器人、调试服务机器人、搭建服务机器人软件环境、让服务机器人学跳舞、让服务机器人感知世界、和服务机器人聊聊天、带服务机器人看世界、帮服务机器人做维护。

本书是"服务机器人实施与运维（初级）职业技能等级标准"的培训认证配套用书，同时也可作为服务机器人实施与运维从业人员的自学参考书。

为方便教学，本书配备电子课件等教学资源。凡选用本书作为教材的教师均可登录机械工业出版社教育服务网 www.cmpedu.com 注册后免费下载。如有问题请致信 cmpgaozhi@sina.com，或致电 010-88379375 联系营销人员。

图书在版编目（CIP）数据

服务机器人实施与运维: 初级 / 李适,熊友军,周龙彪主编 . — 北京: 机械工业出版社,
2022.10（2024.9 重印）

1+X 职业技能等级证书（服务机器人实施与运维）配套教材

ISBN 978–7–111–71619–8

Ⅰ.①服⋯　Ⅱ.①李⋯ ②熊⋯ ③周⋯　Ⅲ.①服务用机器人–职业
技能–鉴定–教材　Ⅳ.① TP242.3

中国版本图书馆CIP数据核字（2022）第172377号

机械工业出版社（北京市百万庄大街22号　邮政编码100037）
策划编辑：赵志鹏　　　　　　责任编辑：赵志鹏
责任校对：肖　琳　李　婷　　封面设计：鞠　杨
责任印制：张　博
北京建宏印刷有限公司印刷

2024年9月第1版第4次印刷
184mm×260mm・11.75印张・273千字
标准书号：ISBN 978–7–111–71619–8
定价：39.00元

电话服务　　　　　　　　　　网络服务
客服电话：010–88361066　　机 工 官 网：www.cmpbook.com
　　　　　010–88379833　　机 工 官 博：weibo.com/cmp1952
　　　　　010–68326294　　金 书 网：www.golden–book.com
封底无防伪标均为盗版　　机工教育服务网：www.cmpedu.com

　　党的二十大报告中对"高质量发展是全面建设社会主义现代化国家的首要任务"做了系统阐述，体现了全面建设社会主义现代化国家的建设目标。服务机器人作为现代化产业体系的重要组成部分，随着人工智能、大数据、5G 等新技术的发展，在医疗、商业、教育和家用等众多行业大规模应用场景中随处可见。伴随着人口老龄化程度的加剧和人口红利的逐渐消失，机器人作为未来社会的主要劳动力已成为必然趋势。

　　为了保障服务机器人产业的良性发展，需要大量高素质高技能人才作为支撑。2020年 6 月，在教育部公布的第四批 1+X 职业技能等级证书中包含了"服务机器人实施与运维"等相关证书；2021 年 3 月，教育部印发《职业教育专业目录（2021 年）》，在中等职业教育电子与信息大类电子信息类中设置服务机器人装配与维护专业（专业代码：710106），在高等职业教育专科装备制造大类自动化类新增智能机器人技术专业（专业代码：460304)，国家在服务机器人等战略性新兴产业重点领域方面不断加大人才培养力度。新的百年征程，科技工作者应以党的二十大精神为指引，坚持为国家经济发展打造创新引擎的理念，用科技解放劳动力，重塑美好生活场景，将服务机器人的前沿技术应用于智能生活中，提升人民生活幸福感。

　　本书的编写以《服务机器人实施与运维（初级）职业技能等级标准》为依据、以典型的服务机器人为载体、以学习者为中心，遵循学习者职业能力成长规律，围绕服务机器人实施与运维的人才需求与岗位能力进行学习情境设计。具体包括：认识服务机器人、调试服务机器人、搭建服务机器人软件环境、让服务机器人学跳舞、让服务机器人感知世界、和服务机器人聊聊天、带服务机器人看世界、帮服务机器人做维护共八个项目。

　　项目内容由易到难、由单一到综合，完全覆盖服务机器人实施与运维（初级）1+X职业技能等级证书全部考核知识点和技能点。实训环节着重强调"服务机器人技术基础""服务机器人安全操作规范""服务机器人维修与维护"等核心知识在真实项目中的灵活运用，关注学习者认知规律、职业技能及素养的全面养成。

　　本书可作为服务机器人实施与运维（初级）1+X 职业技能等级标准的教学和培训教材，同时也可作为服务机器人实施与运维从业人员的自学参考书。本书在编写过程中参考了诸多文献及研究成果，在此对文献作者表示诚挚的敬意和衷心的感谢。

　　由于编者水平有限，书中难免有不妥和疏漏之处，恳请读者批评指正。

编　者

目 录

项目三　搭建服务机器人软件环境 　　　035

项目四　让服务机器人学跳舞 　　　057

项目五　让服务机器人感知世界　　081

项目八　帮服务机器人做维护　　　151

01

项目一
认识服务机器人

【项目导入】

　　近年来，人工智能产业迎来发展热潮，机器人行业又一次进入大众视野，从工业生产到生活消费场景，越来越多的机器人开始代替或辅助人类进行工作（见图 1-1）。服务机器人行业在全球范围内快速增长。

　　在本项目中，我们将一起探索什么是服务机器人？服务机器人有哪些应用场景？服务机器人的基本功能有哪些？

图 1-1　服务机器人的不同应用场景

内容概览

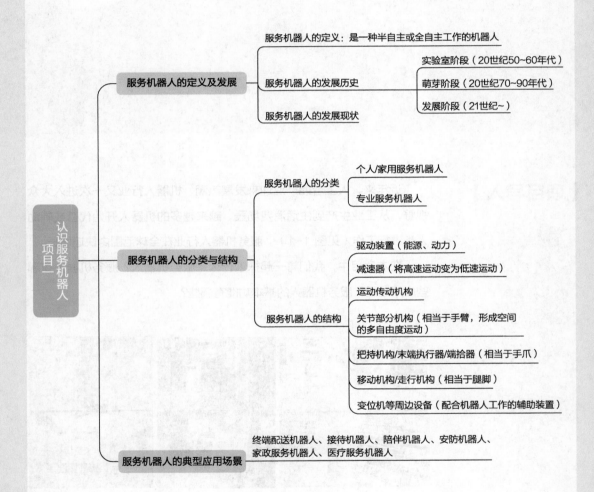

服务机器人的定义及发展
- 服务机器人的定义：是一种半自主或全自主工作的机器人
- 服务机器人的发展历史
  - 实验室阶段（20世纪50~60年代）
  - 萌芽阶段（20世纪70~90年代）
  - 发展阶段（21世纪~）
- 服务机器人的发展现状

服务机器人的分类与结构
- 服务机器人的分类
  - 个人/家用服务机器人
  - 专业服务机器人
- 服务机器人的结构
  - 驱动装置（能源、动力）
  - 减速器（将高速运动变为低速运动）
  - 运动传动机构
  - 关节部分机构（相当于手臂，形成空间的多自由度运动）
  - 把持机构/末端执行器/端拾器（相当于手爪）
  - 移动机构/走行机构（相当于腿脚）
  - 变位机等周边设备（配合机器人工作的辅助装置）

服务机器人的典型应用场景
- 终端配送机器人、接待机器人、陪伴机器人、安防机器人、家政服务机器人、医疗服务机器人

项目一 认识服务机器人

学习目标

1. 了解服务机器人的定义、分类、发展历史及典型应用场景；
2. 掌握服务机器人硬件结构组成；
3. 了解服务机器人硬件拆箱清单；
4. 掌握服务机器人的连接与网络配置方法；
5. 能规范、正确安装服务机器人的基本组件；
6. 能对服务机器人进行联网配置以及开关机操作。

项目任务

1. 检查智能人形服务机器人的外观，并对其部件进行组装；
2. 配置智能人形服务机器人的网络。

相关知识

1.1　服务机器人的定义及发展

1.1.1　服务机器人的定义

服务机器人是机器人家族中的一个年轻成员，作为为人类提供必要服务的多种高技术集成的智能化装备，不同国家对服务机器人的认识不同。国际机器人联合会经过几年的搜集整理，给了服务机器人一个初步的定义：服务机器人是一种半自主或全自主工作的机器人，它能完成有益于人类健康的服务工作，但不包括从事生产。

我国对服务机器人（Service Robot）的定义为：除工业自动化应用外，能为人类或设备完成有用任务的机器人。这里，我们把其他一些贴近人们生活的机器人也列入其中。服务机器人既可以接受人类指挥，又可以运行预先编排的程序，还可以以人工智能技术制定的原则纲领行动。服务机器人的应用范围很广，主要从事维护、修理、运输、清洗、保安、救援、监护等工作，可以分为个人 / 家用服务机器人及专业领域服务机器人。

1.1.2　服务机器人的发展历史

服务机器人的发展随着人工智能技术的发展进步和市场需求的变化与时俱进，其发展历程大致可分为三个阶段。

1. 实验室阶段（20 世纪 50~60 年代）

计算机、传感器和仿真等技术不断发展，美国、日本等国家相继研发出有缆遥控水下机器人（ROV）、智能机器人、仿生机器人等。

1）1960 年，美国海军成功研制出全球第一台水下机器人 ROV——"CURV1"。

2）1968 年，美国斯坦福研究所研制出世界上第一台智能机器人。

3）1969 年，日本早稻田大学的加藤一郎实验室研发出第一台以双脚走路的仿生机器人。

2. 萌芽阶段（20 世纪 70~90 年代）

服务机器人具备初步感觉和协调能力，医用服务机器人、娱乐机器人等逐步投放市场。

1）1990 年，TRC 公司研发的"护士助手"开始出售。

2）1995 年，中国第一台 6km 无缆自治水下机器人"CR-01"研制成功。

3）1999 年，日本索尼推出第一代宠物机器人"AIBO"。

3. 发展阶段（21 世纪~）

计算机、物联网、人机交互、云计算等先进技术快速发展，服务机器人在家庭、教育、商业、医疗、军事等领域获得了广泛应用。

1）2000 年，全球第一个机器人手术系统推出。

2）我国服务机器人行业起步较晚，在 2005 年前后才开始初具规模，如今，得益于应用市场优势，发展空间巨大。

1.1.3　服务机器人的发展现状

目前，世界上至少有 48 个国家在发展机器人，其中 25 个国家已涉足服务型机器人开发。在日本、北美和欧洲，迄今已有 7 种类型计 40 余款服务型机器人进入实验和半商业化应用。

近年来，我国政府高度重视人工智能的技术进步与产业发展，人工智能已上升为国家战略，市场前景十分广阔。随着人工智能技术的逐渐成熟，科技、制造业等业界巨头不断深入布局服务型机器人。人工智能的快速发展为机器人带来新机遇。此外，经济稳步发展、利好政策扶持、老龄化需求同样利好服务机器人市场发展。我国服务机器人存在巨大的市场潜力和发展空间，2018 年，我国服务机器人市场规模增速高于全球服务机器人市场增速。未来，服务机器人市场需求将进一步释放，随着更多新兴应用场景的开发，市场规模将持续增长。

我国在服务机器人领域的研发与日本、美国等国家相比起步较晚。在国家 863 计划的支持下，我国在服务机器人研究和产品研发方面已开展了大量工作，并取得了一定的成绩，如哈尔滨工业大学研制的导游机器人、迎宾机器人、清扫机器人等；华南理工大学研制的机器人护理床；中国科学院自动化研究所研制的智能轮椅等。

1.2　服务机器人的分类与结构

1.2.1　服务机器人的分类

根据机器人的应用领域不同，国际机器人联盟（IFR）将机器人分为工业机器人和服务机器人。目前，国际上的机器人学者从应用场景出发将机器人分为两类：制造环境下的工业机器人和非制造环境下的服务与仿人型机器人。

服务机器人细分种类多样，根据不同的需求或应用场景有不同的种类，通常可分为个人/家用服务机器人和专业服务机器人（见图1-2）。个人/家用服务机器人包括家政机器人、教育娱乐机器人以及康养机器人等，而专业服务机器人则包括物流机器人、医疗机器人、商用服务机器人、防护机器人和场地机器人等。

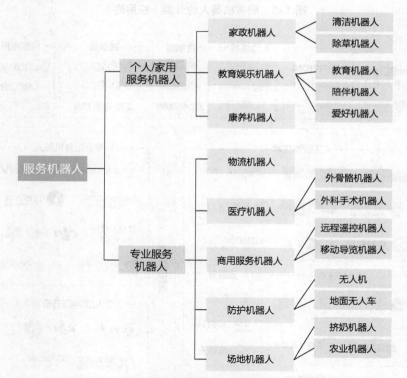

图1-2　服务机器人的分类（按需求或应用场景）

根据用途不同，服务机器人可分为家用、医疗和公共服务机器人（见图1-3）。目前，我国服务机器人产品以家用服务机器人为主导，占据48%的市场份额，医疗服务机器人和公共服务机器人分别占比28%和24%。

目前，国内服务机器人产业生态已具规模，机器人成为人工智能技术应用主流，服务机器人产业链如图1-4所示。服务机器人企业数量超2000家，全球服务机器人TOP30榜单里中国企业占10家，我国服务机器人企业数量和质量领跑全球。

家用服务机器人		公共服务机器人		医疗服务机器人	
康力优蓝	科沃斯	祈飞科技	极飞	安翰医疗	博实股份
陪伴机器人	清洁机器人	零售机器人	植保机器人	胶囊机器人	手术机器人
ROOBO	优必选	穿山甲	菜鸟网络	天智航	博为机器人
陪伴机器人	舞蹈机器人	送餐机器人	快递机器人	手术机器人	医疗服务机器人
纳恩博	未来伙伴	大疆	怡丰	深圳桑谷	傅利叶智能
个人平衡车	教育机器人	航拍无人机	停车仓储AGV	输液机器人	外骨骼机器人
海尔机器人	寒武纪机器人	易瓦特	人智科技	楚天科技	金山科技
智能家庭管家	家庭服务机器人	电力维护无人机	服务机器人	医疗辅助机器人	妙手机器人

图 1-3　服务机器人的分类（按用途）

图 1-4　服务机器人产业链

1.2.2　服务机器人的结构

服务机器人与工业机器人的结构有较大的差别，其本体包括可移动的机器人底盘、多自由度的关节式机械系统、按特定服务功能所需要的特殊机构。

一般包括：驱动装置（能源，动力）、减速器（将高速运动变为低速运动）、运动传动机构、关节部分机构（相当于手臂，形成空间的多自由度运动）、把持机构/末端执行器/端拾器（相当于手）、移动机构/行走机构（相当于腿脚）、变位机等周边设备（配合机器人工作的辅助装置）。

服务机器人系统通常由四大部分组成：感知系统、控制系统、决策系统和人机交互系统。感知系统犹如服务机器人的眼睛，为机器人的运动控制系统指路，使机器人到达指定地点，完成指定任务。用户通过人机交互系统传达任务给服务机器人，决策系统通过融合感知系统传送的数据信息，确定机器人所处的外部环境状态、机器人的运动状态，并做出决策。根据决策结果，由控制系统选择合适的控制策略，并输出相应的控制指令，通过执行机构来驱动机器人本体结构的运动，以实现预定的工作任务。

在任务执行过程中，人机交互是必不可少的功能，它是直接面向用户的功能，一般包括：UI界面、面部识别、语音识别、支付系统等。

图1-5所示为服务机器人常规环境感知和控制系统结构框图，整个系统包含：机械系统、驱动系统、控制系统、电源系统，以及依靠传感器系统传递的环境参数。

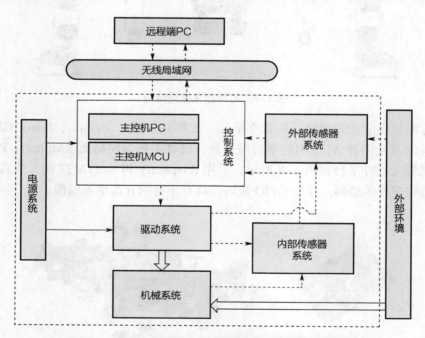

图1-5　服务机器人常规环境感知和控制系统结构框图

下面以图1-6所示的智能人形教育服务机器人（以下简称"智能人形机器人"）为例，介绍服务机器人的结构。

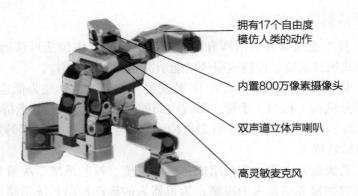

拥有17个自由度
模仿人类的动作

内置800万像素摄像头

双声道立体声喇叭

高灵敏麦克风

图 1-6　智能人形教育服务机器人

该人形机器人外形方面高度拟人，模块化可拆装。具有 17 个自由度，采取开放式硬件平台架构（Raspberry Pi + STM32）。搭载了内置 800 万像素摄像头、陀螺仪传感器及多种通信模块，同时配套多种开源传感器包。图 1-7 所示为智能人形机器人可拆卸化模块。

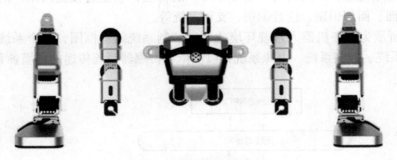

图 1-7　可拆卸化模块结构

软件方面提供专业开源学习的软件平台，支持 Blockly、Python、Java、C/C++ 等多种编程语言学习及多种 AI 应用的学习与开发，硬件主板为树莓派 Raspberry Pi3B/16G，智能人形机器人硬件平台如图 1-8 所示，采用 Raspberry Pi + STM32 的开放式硬件平台架构，内置陀螺仪传感器，开放 GPIO 接口，具有丰富的开源学习资源。

图 1-8　智能人形机器人硬件平台

智能人形机器人接口说明如图 1-9 所示，规格参数见表 1-1。

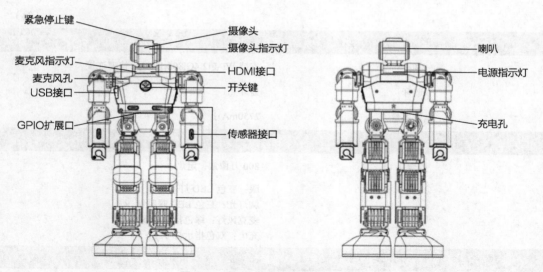

图 1-9　智能人形机器人接口说明

表 1-1　智能人形机器人规格参数

外观	
产品造型	人形外观
产品颜色	银色
产品尺寸	370×192×106（mm）
产品重量	约为 2.05kg
材质	铝合金结构、PC+ABS 外壳
伺服舵机	17 个自由度（DOF）
电气性能	
工作电压	DC 9.6V
功率	4.5~38.4W
工作温度	0℃ ~ 40℃
电源适配器	输入：100V~240V~50/60Hz 1A 输出：9.6V，4A
主芯片及存储器	
处理器	STM32F103RDT6+Broadcom BCM2837 1.2GHz 64-bit quad-core ARMv8 Cortex-A53（Raspbian Pi 3B）
内存	1GB
存储	16GB
操作系统	Raspbian

（续）

网络	
Wifi	支持 Wi-Fi2.4G 802.11b/g/n 快速连接
蓝牙	蓝牙 4.1
电池容量	2750mA·h
视觉	
摄像头	800 万像素，定焦
灯光	眼：三色 LED 灯 ×2 胸灯光：三色 LED 呼吸灯 ×3 麦克风灯：绿色指示灯 ×1 充电：双色指示灯 ×1
音频	
麦克风	单麦克风
喇叭	立体声喇叭 ×2
传感器	
内置传感器	九轴运动控制（Motion Tracking）传感器 ×1 主板温度检测传感器 ×1
扩展接口	POGO 4PIN ×6
调试接口	
HDMI	1
GPIO	40（6 个已占用）
USB	2
其他	
按键	胸口电源键头顶紧急制动按键
控制方式	手机 APP 语音控制

1.3　服务机器人的典型应用场景

　　根据市场化程度，服务机器人需求场景可分为三类：原有需求升级、现有需求满足、未知需求探索。原有需求升级是市场已经存在的，包括早教机器人、扫地机器人等，早教机器人相比学习机增加了人机交互的内容，扫地机器人相比吸尘器增加了路径规划与自主避障算法；现有需求满足是由于机器人采购成本低于人工成本而采用服务机器人，包括智能客服、陪护机器人等；未知需求探索在现阶段的需求并不强烈，如管家机器人等。

下面介绍几个典型应用场景。

1. 终端配送机器人

终端配送机器人被广泛应用于酒店、写字楼、餐厅、医院等场所，主要用于配送用户私人物品以及物流送货等。由劳动力成本上升、服务业工资普遍上涨的现状来看，配送机器人对于发展智能化服务能够有效降低人力成本。终端配送机器人如图 1-10 所示。

图 1-10　终端配送机器人

2. 接待机器人

接待机器人被广泛应用于商超、酒店、写字楼、银行、政务大厅、博物馆、景点、医院、交通枢纽等场所，提供导购、导诊、讲解、指引等服务。而自然语言处理、深度学习等技术的突破，将有助于提升问答咨询准确率，接待机器人应用深度将被进一步拓展。接待机器人如图 1-11 所示。

3. 陪伴机器人

陪伴机器人主要用于家庭服务，以儿童教育、娱乐休闲和养老陪伴为主。陪伴机器人利用智能语音技术实现语言沟通和情感交流等人机交互功能，用于小孩早教、老人陪伴等场景。陪伴机器人如图 1-12 所示。

4. 安防机器人

安防机器人将人脸识别、移动视频监控、热红外成像分析等 AI 技术与传统安保系统深度融合，具有 24 小时不间断巡逻、热红外探测、受限人员识别、非法入侵预警等一系列智能安保功能，弥补常规安保监控盲区，有效提升安保管理效能、减轻人力安保工作强度、降低危险环境对人力带来的损伤。安防机器人如图 1-13 所示。

图 1-11　接待机器人

图 1-12　陪伴机器人

图 1-13　安防机器人

5. 家政服务机器人

家政服务机器人是指能够代替人完成家政工作的机器人，常见的扫地机器人（见图 1-14）、擦窗机器人等属于简易化的家政服务机器人。

6. 医疗服务机器人

医疗服务机器人"内腕"较传统医疗器具更为灵活，能以不同角度在器官周围操作，增加视野角度，能够在有限狭窄空间工作，将患者创面缩减至最小。2020 年 11 月，某医院泌尿外科使用第四代"达芬奇"手术机器人（见图 1-15），成功为一名患者完成前列腺肿瘤切除术。

图 1-14　扫地机器人

图 1-15　第四代"达芬奇"手术机器人

➔ 任务实施

所需设施/设备：2.4G 无线网络、智能人形机器人（未拆箱）、手机。

任务 1.1　检查机器人外观并组装机器人

以智能人形服务机器人 Yanshee（以下简称"Yanshee"）为例，具体操作步骤如下。

1. 检查机器人外观

（1）打开服务机器人的箱子（见图 1-16），按照《Yanshee 快速使用指南》清点检验机器人箱内配件（见图 1-17）是否齐全。

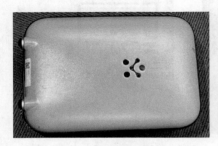

图 1- 16　智能人形服务机器人
Yanshee 包装箱

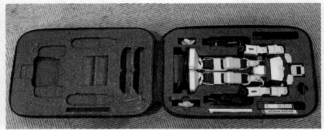

图 1- 17　智能人形服务机器人
Yanshee 包装箱内部

（2）根据使用说明书，检查机器人外观是否有损伤、部件是否有缺失，将记录填写在表 1-2 中。

表 1-2　检查记录

序号	检查项目	检查结果
1	拆箱，对照清单清点机器人各部件是否齐全	
2	检查机器人的 17 个舵机是否正常运行	
3	机器人开机时胸前指示灯、机器人的姿态	胸前指示灯情况： 机器人姿态：

2. 组装机器人

（1）根据使用说明书，下载机器人手机端使用 APP 软件，具体操作步骤如下。

1）下载 APP：在手机应用商店搜索"Yanshee"，下载并安装应用软件（见图 1-18）。

2）注册账号：如图 1-19 所示，使用之前请先使用手机号码或邮箱注册账号，注册账号成功后方可使用注册的账号登录系统。

图 1-18　Yanshee APP

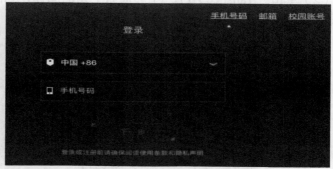

图 1-19　Yanshee APP 注册页面

（2）打开 Yanshee APP，按照拼装教程对机器人进行组装，如图 1-20 所示。

图 1-20　Yanshee APP 拼装教程

（3）手动检查机器人的 17 个舵机是否能正常转动，并将检查记录填写在表 1– 2 中。

（4）画出机器人的舵机位置示意图并标明自由度方向。

（5）长按机器人胸前的按钮 2~3s，观察机器人能否正常开机（见图 1–21），并将观察结果记录在表 1–2 中。

图 1– 21　机器人开机后的正确姿态

任务 1.2　配置机器人网络

1. 开启智能人形服务机器人 Yanshee

长按机器人胸前的按钮 2~3s，直到胸前按钮指示灯亮后松开手。当听到机器人的开机问候语后表示开启成功。开启后机器人会说："Yanshee 启动完毕"。

2. 配置机器人网络

（1）确认手机的蓝牙和 WiFi 已经开启，且手机连的 WiFi 是 2.4G 频段。

（2）单击"Yanshee APP"主界面右上角的图标，如图 1– 22 所示，进入 Yanshee 配网设置向导页面。

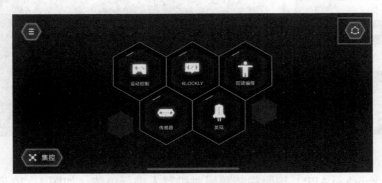

图 1–22　进入 Yanshee 配网设置

（3）如图 1– 23 所示，根据 Yanshee 配网设置向导提示，进行无线网络设置。

图 1–23　无线网络设置

（4）根据机器人背部标签的后 4 位 MAC 地址值选择要连接的设备，如图 1-24 所示序列号，确定是否为手机 APP 界面所显示的机器人设备名称。

图 1-24　初次选择机器人 MAC 地址

（5）选择设备后，APP 页面中会显示与本机 WiFi 相同的 SSID，输入正确的 WiFi 密码后（无密码直接不输入），单击"加入"按钮，机器人将进行配网连接（见图 1-25），此时，机器人会语音提示"正在连接网络"。

图 1-25　配网连接

当网络连接成功后，机器人会发出"您已经联网成功"的语音提示；若连接失败，机器人会发出"连接网络失败"的语音提示，此时可重新进行配网连接。

任务评价

完成本项目中的学习任务后，请对学习过程和结果的质量进行评价和总结，并填写评价反馈表（见表 1-3）。自我评价由学习者本人填写，小组评价由组长填写，教师评价由任课教师填写。

表 1-3 评价反馈表

班级		姓名		学号		日期	
自我评价	1. 能正确拆箱对照清单清点机器人部件					☐是　☐否	
	2. 能够检查机器人的 17 个舵机是否正常运行					☐是　☐否	
	3. 能够按照指引／说明书规范地组装机器人					☐是　☐否	
	4. 能够正确操作机器人开关机					☐是　☐否	
	5. 能够正确配置机器人网络					☐是　☐否	
	6. 在完成任务的过程中遇到了哪些问题？是如何解决的？						
	7. 是否能独立完成工作页／任务书的填写					☐是　☐否	
	8. 是否能按时上、下课，着装规范					☐是　☐否	
	9. 学习效果自评等级					☐优　☐良　☐中　☐差	
	10. 总结与反思						
小组评价	1. 在小组讨论中能积极发言					☐优　☐良　☐中　☐差	
	2. 能积极配合小组完成工作任务					☐优　☐良　☐中　☐差	
	3. 在查找资料信息中的表现					☐优　☐良　☐中　☐差	
	4. 能够清晰表达自己的观点					☐优　☐良　☐中　☐差	
	5. 安全意识与规范意识					☐优　☐良　☐中　☐差	
	6. 遵守课堂纪律					☐优　☐良　☐中　☐差	
	7. 积极参与汇报展示					☐优　☐良　☐中　☐差	
教师评价	综合评价等级： 评语： 教师签名：　　　　　　　　　　　　日期：						

项目习题

一、选择题

1. 国际机器人联合会，给服务机器人一个初步的定义是（   ）。

    A. 服务机器人是一种半自主或全自主工作的机器人，它能完成有益于人类健康的服务工作，但不包括从事生产的设备

    B. 除工业自动化应用外，能为人类或设备完成有用任务的机器人

    C. 服务机器人既可以接受人类指挥，又可以运行预先编排的程序，也可以根据以人工智能技术制定的原则纲领行动

    D. 把其他一些贴近人们生活的机器人列入服务机器人

2. 服务机器人发展迅猛，其背景原因很多。从以下选项中选出关于服务机器人发展背景的描述完全不正确的一项。（   ）

    A. 人工智能技术的逐渐成熟　　　　　　　B. 经济稳步发展

    C. 利好政策扶持、老龄化　　　　　　　　D. 人的能力退化

3. 服务机器人发展迅猛，下列属于利好发展背景因素的是（   ）。（多选题）

    A. 人工智能技术的逐渐成熟　　　　　　　B. 经济稳步发展

    C. 利好政策扶持　　　　　　　　　　　　D. 老龄化

4. 下列属于专业领域机器人的是（   ）。（多选题）

    A. 医用机器人　　　　　　　　　　　　　B. 消防机器人

    C. 安保机器人　　　　　　　　　　　　　D. 场地机器人

5. 服务机器人需求场景根据市场化程度，可分为三类（   ）。（多选题）

    A. 原有需求升级　　　　　　　　　　　　B. 现有需求满足

    C. 未知需求探索　　　　　　　　　　　　D. 供给需求满足

6. 下列不属于智能人形服务机器人 Yanshee 包装箱内物件的是（   ）。

    A. 万用表　　　　　　　　　　　　　　　B. 连接螺丝

    C. 通信线　　　　　　　　　　　　　　　D. Yanshee 机器人部件

7. Yanshee 机器人采用 Raspberry Pi + STM32 开放式硬件平台架构，（   ）个自由度的高度拟人设计，内置 800 万像素摄像头、陀螺仪传感器及多种通信模块。

    A. 11　　　　　　　　　　　　　　　　　B. 17

    C. 13　　　　　　　　　　　　　　　　　D. 15

8. 关于服务机器人硬件组装技巧，以下选项中描述完全正确的一项是（   ）。

    A. 先组装机器人腿部，再组装机器人手部

    B. 先组装机器人手部，再组装机器人腿部

    C. 先组装传感器，再组装手部

    D. 先组装传感器，再组装腿部

9. 机器人软件 APP 下载安装描述正确的是（   ）。

    A. 在应用商店搜索 "Yanshee" 下载，无需安装就可使用

B. 在应用商店搜索"Yanshee"下载，需安装后方可使用

C. "Yanshee" APP 只能在安卓系统下载安装

D. "Yanshee" APP 只能在计算机上下载安装

10. 开启机器人 Yanshee 的正确操作是（　　　）。

A. 按机器人胸前的按钮 1s，即可松开手

B. 长按机器人胸前的按钮 2~3 s，即可松开手

C. 长按机器人胸前的按钮 2~3 s，直到胸前按钮指示灯亮后松开手

D. 插上电即开机

二、判断题

1. 服务机器人和工业机器人的应用场景基本一致。（　　　）

2. 服务机器人主要用于军事救援方面。（　　　）

3. 当前服务机器人发展较为缓慢，采购成本特别高。（　　　）

4. 服务机器人需求场景根据市场化程度，可分为三类：原有需求升级、现有需求满足、未知需求探索。（　　　）

5. 服务机器人的应用范围很广，主要从事维护、修理、运输、清洗、保安、救援、监护等工作，可以分为个人 / 家用服务机器人及专业领域服务机器人。（　　　）

6. 智能人形服务机器人 Yanshee 包装箱内物件：Yanshee 机器人部件、连接螺丝、通信线、电源适配器、说明书（保修卡）。（　　　）

7. 智能人形服务机器人 Yanshee 硬件结构是金属机身，可拆卸模块化结构设计。（　　　）

8. 智能人形服务机器人 Yanshee 内置 800 万像素摄像头，支持 FPV 控制，RGB 三色可编程摄像头状态指示灯。（　　　）

02

项目二
调试服务机器人

【项目导入】

任何机械包括工业机器人、服务机器人在使用前都要进行设备调试，调试工作一般在现场设备安装完成后开始，经过良好调试的机器人会更好、更可靠地运行，更节能并且寿命更长，使机器人使用达到预期效果。那么，服务机器人需要调试哪些内容？我们可以借助哪些工具和仪器更好更准确地开展服务机器人调试工作呢？

在本项目中，我们将了解服务机器人运动学基础知识，掌握服务机器人坐标系的标定方法，通过对智能人形服务机器人 Yanshee 的舵机校准和基础功能调试，了解服务机器人功能测试方法，熟悉服务机器人调试内容、调试规范（见图2-1）。

图 2-1　调试服务机器人

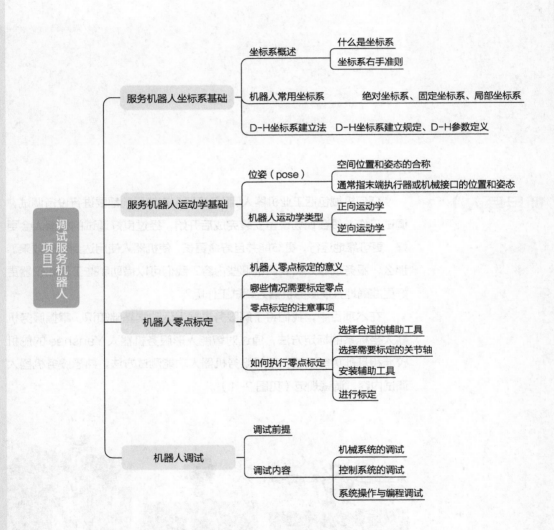

内容概览

- 调试服务机器人 项目二
  - 服务机器人坐标系基础
    - 坐标系概述
      - 什么是坐标系
      - 坐标系右手准则
    - 机器人常用坐标系
      - 绝对坐标系、固定坐标系、局部坐标系
    - D-H坐标系建立法
      - D-H坐标系建立规定、D-H参数定义
  - 服务机器人运动学基础
    - 位姿（pose）
      - 空间位置和姿态的合称
      - 通常指末端执行器或机械接口的位置和姿态
    - 机器人运动学类型
      - 正向运动学
      - 逆向运动学
  - 机器人零点标定
    - 机器人零点标定的意义
    - 哪些情况需要标定零点
    - 零点标定的注意事项
    - 如何执行零点标定
      - 选择合适的辅助工具
      - 选择需要标定的关节轴
      - 安装辅助工具
      - 进行标定
  - 机器人调试
    - 调试前提
    - 调试内容
      - 机械系统的调试
      - 控制系统的调试
      - 系统操作与编程调试

学习目标

1. 熟悉服务机器人常用坐标系；
2. 了解服务机器人的运动机构、运动原理；
3. 掌握服务机器人常规调试内容；
4. 掌握服务机器人调试流程、调试规范；
5. 能使用服务机器人调试工具对服务机器人舵机进行校正调试；
6. 能使用服务机器人应用软件对服务机器人进行基础功能调试。

项目任务

1. 调试智能人形服务机器人的舵机；
2. 调试智能人形服务机器人的基础功能。

相关知识

2.1　服务机器人坐标系基础

2.1.1　坐标系概述

1. 什么是坐标系

为了说明物体的位置、运动的快慢和方向等，必须选取坐标系。在参照系中，为确定空间一点的位置，按规定方法选取的有次序的一组数据就叫作"坐标"。在某一问题中规定坐标的方法就是该问题所用的坐标系。坐标系的种类很多，常用的坐标系有：笛卡尔直角坐标系、平面极坐标系、柱面坐标系（柱坐标系）和球面坐标系（球坐标系）等。

对于机器人的运动，通常需要建立很多坐标系，以表达机器人的位置、方位、转动等运动信息。任何机器人都离不开坐标系。

2. 坐标系右手准则

在坐标系中，x 轴、y 轴和 z 轴的正方向是按如下规定的：把右手放在原点的位置，使拇指、食指和中指互成直角，将拇指指向 x 轴的正方向，食指指向 y 轴的正方向时，中指所指的方向就是 z 轴的正方向。此坐标系又称为右手直角坐标系（见图 2-2），主要是为了规定各个坐标系的正方向。

2.1.2　机器人常用坐标系

每个坐标系都有各自的作用，很多函数指令都要用坐标系，每种坐标意义不一样，但是都是为了记录机器人的相对位置和姿态。机器人常用坐标系有以下三种。

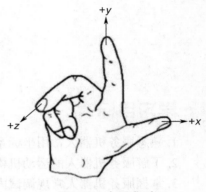

图 2-2　右手准则

1. 绝对坐标系

绝对坐标系也叫世界坐标系，它是独立于机器人之外的一个坐标系，是机器人所有构件的公共参考坐标系。绝对坐标系可以选取空间中任意一点。

2. 固定坐标系

固定坐标系也叫基座坐标系，它固定在机器人上，是机器人其他坐标系的公共参考坐标系。固定坐标系可以选择固定在机器人的任一位置上（通常面向机器人：前后为 x 轴，左右为 y 轴，上下为 z 轴）。

3. 局部坐标系

局部坐标系也叫杆件坐标系或者关节坐标系，它固接在机器人的活动构件（关节）上，是活动杆件上的固定坐标系，随杆件的运动而运动。一般来说，机器人有多少个活动构件，就至少要建立多少个局部坐标系。

以上三种坐标系之间的关系如图 2-3 所示。

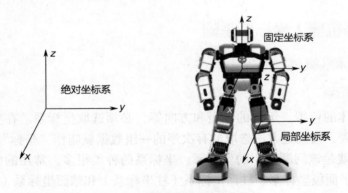

图 2-3　三种坐标系之间的关系

机器人的所有坐标系的建立都是人为设定的，不同的坐标系建立方法，对机器人的分析和控制就有不同的影响。

2.1.3　D-H 坐标系建立法

机器人的局部坐标系的建立有多种不同的方法，这里仅介绍最常用的一种坐标系建立方法——D-H 坐标系建立法。D-H 坐标系建立法是由 Denauit 和 Hertenbery 于 1956 年提出的一种为关节链中的每一杆件建立坐标系的矩阵方法。它严格定义了每个坐标系的坐标轴，并定义了连杆长度 a_i、连杆距离 d_i、连杆扭角 α_i 及连杆夹角 θ_i。其中，对于转动关节，θ_i 是关节变量，其他三个参数固定不变；对于移动关节，d_i 是关节变量，其他三个参数固定不变。

1. D-H 坐标系建立规定

如图 2-4 所示，关于 D-H 坐标系建立的规定如下：

（1）z_i 坐标轴沿 i+1 关节的轴线方向。

（2）x_i 坐标轴沿 z_i 和 z_{i-1} 轴的公垂线，且指向离开 z_{i-1} 轴的方向。

（3）y_i 坐标轴的方向构成 $x_i y_i z_i$ 右手直角坐标系。

（4）坐标原点在公垂线 a_i 和关节轴线 i+1 的交点处。

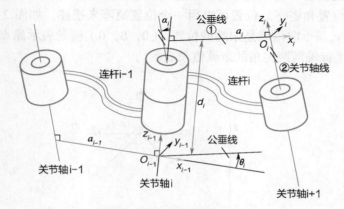

图 2-4　D-H 坐标系

2. D-H 参数定义

连杆长度 a_i：两关节轴线之间的距离，即 z_i 轴与 z_{i-1} 轴的公垂线长度，沿 x_i 轴方向测量。a_i 总为正值，当两关节轴线平行时，$a_i=l_i$，l_i 为连杆的长度；当两关节轴线垂直时，$a_i=0$。

连杆距离 d_i：两根公垂线 a_i 与 a_{i-1} 之间的距离，即 x_i 轴与 x_{i-1} 轴之间的距离，在 z_{i-1} 轴上测量。对于转动关节，d_i 为常数；对于移动关节，d_i 为变量。

连杆扭角 α_i：两关节轴线之间的夹角，即 z_i 与 z_{i-1} 轴之间的夹角，绕 x_i 轴从 z_{i-1} 轴旋转到 z_i 轴，符合右手规则时为正。当两关节轴线平行时，$\alpha_i=0$；当两关节轴线垂直时，$\alpha_i=90°$。

连杆夹角 θ_i：两根公垂线 a_i 与 a_{i-1} 之间的夹角，即 x_i 轴与 x_{i-1} 轴之间的夹角，绕 z_{i-1} 轴从 x_{i-1} 轴旋转到 x_i 轴，符合右手规则时为正。对于转动关节，θ_i 为变量；对移动关节，θ_i 为常数。

通过 D-H 坐标系建立法，机器人任一局部坐标系都可以表示为它与前一局部坐标系的关系。换句话说，机器人的任一局部坐标系，都可以看作是与之相关联的前一坐标系通过一定的平移和转动所得到的。

2.2 服务机器人运动学基础

运动学是从几何的角度描述和研究物体位置随时间的变化规律的力学分支，主要是研究物体的位置、速度、角速度、加速度、角加速度等特征之间的关系。机器人是由一系列刚体通过关节连接而成，包含数个运动链。每个运动链中，各连杆间的位移关系，是建立机器人运动学方程的基础。机器人运动学建立在坐标系及其变换的基础之上，主要研究机器人末端操作器的位姿问题。

2.2.1 位姿（pose）

位姿是空间位置和姿态的合称，通常指末端执行器或机械接口的位置和姿态。机器人的位姿主要是指机器人的四肢等部件在空间的位置和姿态，有时也会用到其他各个活动杆件在空间的位置和姿态。位置可以用一个位置矩阵来描述，如图 2-5 所示，空间中的一个点 $P(x, y, z)$ 向量就是末端的位置，（0，0，0）就是表示原点的位置。姿态可以用坐标系三个坐标轴两两夹角的余弦值来表示。

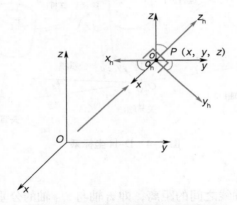

图 2-5 空间坐标系中的位姿描述

用位置加姿态可以描绘出机械臂末端相对于基座的状态，例如对机械臂的末端有一个坐标系，基座也有一个坐标系，以基座坐标系为参考，可以用一个矩阵来描述机械臂末端坐标系基于基座坐标系的姿态（此处暂不作详细介绍）。

2.2.2 机器人运动学类型

机器人运动学包括正向运动学和逆向运动学。正向运动学即给定机器人各关节变量，计算机器人末端相对于参考坐标系的位置姿态；逆向运动学即已知机器人末端的位置姿态以及杆件的结构参数，计算机器人对应位置的全部关节变量。

正运动学就是运动本来的顺序，因为关节变量变化，末端位姿才会变化，求解正运动问题，是为了检验、校准机器人，计算工作空间等，一般正向运动学的解是唯一和容易获得的；但实际生活应用中更多情况是"用户关心的是末端位姿，要让机器人完成一个动作，实现机械臂位置控制"，这时，就是已知末端的位姿情况，用逆运动学求解各关节角度，再控制关节电机沿着特定轨迹移动，求解逆运动问题是为了规划关节空间轨迹，更好地控制机器人等，求解比较困难。机器人运动学求解过程中所需的高等教育阶段的数学矩阵理论，本书不作详细介绍。

2.3 机器人零点标定

零点是机器人坐标系的基准，机器人零位是机器人操作模型的初始位置，通常将各轴"0"脉冲的位置作为零点位置，此时的姿态称为零点位置姿态，也就是机器人回零时的终止位置，机械零点位置表明了同轴的驱动角度之间的对应关系。不同厂家机器人的机械零点各有不同，一般机器人在本体设计过程中已考虑了零位接口（例如凹槽、刻线、标尺等）。

机器人的零点标定是将机器人的机械信息和位置信息同步，定义机器人的物理位置，从而使机器人能够准确地按照原定位置移动。

2.3.1 机器人零点标定的意义

机器人以零点作为各轴的基准计算本体实际位置姿态，实现对机器人位置移动准确控制。机器人只有得到正确的零点标定，才能达到它最高的点精度和轨迹精度或者完全能够以编程设定的动作运动。没有零点，机器人就没有办法准确判断自身的位置；当零位不正确时，机器人不能正确运动；而且只有所有关节的零点数据都完成标定后，机器人才能全功能运动。

如果机器人未经零点标定，则会严重限制机器人的功能，可能会出现以下现象：

（1）无法编程运行：不能沿编程设定的点运行。

（2）无法进行笛卡尔式手动运行：不能在坐标系中移动。

（3）软件限位开关关闭。

2.3.2 哪些情况需要标定零点

机器人在运输过程中有时会造成机器人轴零点丢失，或者在更换电机后也会造成机器人轴零点丢失，此时，需要专用的工具重新对机器人轴进行零点标定。原则上，机器人必须时刻处于已标定零点的状态。

机器人必须进行零点标定有以下几种情况：

（1）机械系统、软件系统重新安装。

（2）更换了机械零部件、电气零部件。

（3）发生机械部件碰撞或机械部件超越极限位置。

（4）没在控制器控制下移动了机器人关节。

（5）参与定位值感测的部件采取了维护措施。

（6）其他可能造成零点丢失的情况。

2.3.3　零点标定的注意事项

机器人零点标定注意事项如下：

（1）完整的零点标定过程包括为每一个轴标定零点。

（2）在进行维护前一般应检查当前机器人的零点标定。

（3）如机器人零点数据标定有顺序要求，请按序进行，否则将影响机器人运动效果。

2.3.4　如何执行零点标定

零点标定可通过确定轴的机械零点的方式进行。使用机器人配套管理软件和相应的标定工具或机器人专用标定工具进行零点标定，在此过程中机器人关节轴将一直运动，直至达到机械零点为止。所有机器人的零点标定都是相似的，但不尽相同。机器零点信息在同一机器人型号的不同机器人之间也会有所不同。标定流程如下。

1. 选择合适的辅助工具

千分表：使用手工检测，输入数据的方法。必须在轴坐标系运动模式下手动手工检测，人工读数判断零点，输入数据。

EMT：使用电子仪表自动标定记录的方法。EMT 可以为任何一根轴在机械零点位置指定一个基准值。EMD –Electronic Mastering Device，即电子控制仪，一个高精度的位移传感器。

2. 选择需要标定的关节轴

打开机器人管理软件相应功能，选择需标定的关节轴，将关节轴置于关节零位接口（机械零点）位置。

3. 安装辅助工具

安装辅助工具，并使用工具标定后拆卸辅助工具。

4. 进行标定

重复第 2 步到第 4 步，直至完成所有关节轴的零点标定。

2.4　机器人调试

2.4.1　调试前提

机器人应组装完整、充分充电且可操作，所有自我诊断测试应完全满足，试验应按制造商规定的操作准备进行，确保机器人在整个试验过程中以安全的方式运行。在测试前机器人应进行适当的预热。机器人应处于正常工作状态，除非另有说明，机器人应在额定负载条件下以额定速度进行测试。

　　测试环境应与制造商规定的机器人正常工作状态的使用环境一致。对于室内应用的机器人，应优先选择在室内测试；对于室外应用的机器人，应优先选择在室外测试。室外测试应选择非雨雪、大风等恶劣天气，测试环境应开阔，测试环境面积需根据机器人大小和转弯半径确定。所有试验应保持在温度为 10℃~30℃、相对湿度不大于 80%；行进平面坚硬平整、摩擦因数在 0.75~1.0 之间。

2.4.2　调试内容

1. 机械系统的调试

　　调整机器人末端执行器与周边配套设备之间位置，以达到机器人与其他设备动作配合的要求。按照装配技术要求检查周边配套设备相关功能，如移动平台移动行程等。调整机器人视觉系统部件功能，如图像成像、聚焦、亮度等。检查传感器、相机等部件安装位置的准确性。

2. 控制系统的调试

　　机器人是复杂的应用，有大量不同的部件协同工作。就像其他复杂应用一样，这可能会导致出现一些需要关注的缺陷，或者会导致机器人的行为异常。验证机器人工作后，下一步是将其连接到通道。要执行此操作，可以将机器人部署到过渡服务器，并为机器人创建自己的直接线路客户端以连接到机器人。

　　本书中提到的智能人形服务机器人 Yanshee 就提供了一个专门的应用——Swagger_UI，用户可以通过 Swagger_UI 直接调试机器人的各项参数，实现机器人控制。

3. 系统操作与编程调试

　　系统操作与编程调试包含外部辅助轴的控制参数设定，机器人系统外部启动 / 停止、输入、输出、急停等信号设定，机器人系统用户信息设定和修改，机器人系统网络通信参数设定，机器人系统控制参数设定，机器人功能实现编程等。

⇨ 任务实施

　　所需设施 / 设备：2.4G 无线网络、智能人形机器人、无线键鼠（无线键盘、无线鼠标）、配套传感器、HDMI 线、计算机、手机（已安装 Yanshee APP）。

任务 2.1　调试人形服务机器人舵机

　　以智能人形服务机器人 Yanshee（以下简称"Yanshee"）为例，具体操作步骤如下。

1. 检查机器人机械系统

　　（1）检查机器人各部件安装位置是否正常，如图 2-6、图 2-7 所示。

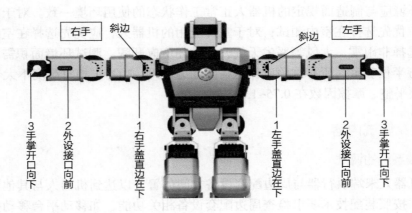

图 2-6　Yanshee 左右手正确安装位置

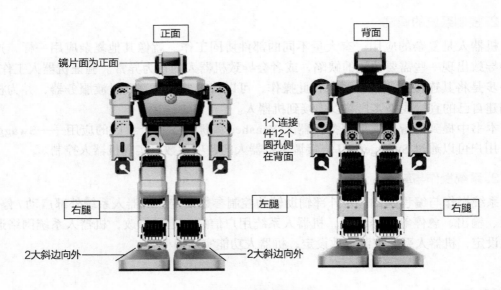

图 2-7　Yanshee 左右腿正确安装位置

（2）手动检查机器人的 17 个舵机运转是否正常。

2. 检查机器人软件系统

（1）机器人通过 HDMI 线连接 VGA，机器人开机，进入当前机器人的树莓派系统的命令终端（或使用快捷键 Ctrl+Alt+T 打开终端命令行）。

（2）先输入命令"cd /home/pi/.Factory_v2.3"，按〈Enter〉键后输入命令"python ./factory_robot.py"执行生产测试，如图 2-8 所示。对"树莓派 SDK 版本、树莓软件版本、STM32 版本、固定数值、舵机版本及通讯"进行检测，如有异常会自动报错。

图 2-8 进入软件系统测试环境

3. 调试机器人舵机

机器人舵机在长期使用过程可能产生虚位角度偏差，或因各种原因出现如下情况时，可以通过 Yanshee APP 舵机校正机器人舵机角度，消除偏差，使机器人的动作执行更好、更流畅：机器人某些舵机存在没有水平或垂直对齐的情况；机器人执行动作不标准；机器人执行动作/舞蹈过程中频繁跌倒；机器人重装或更换零件；机器人出现跌倒或机械碰撞；非常规移动机器人关节等。

（1）快速校准：使用 Yanshee APP 舵机快速校准功能可对机器人所有舵机进行零点标定。具体步骤如下：

1）准备器具工具、机器人、机器人包装盒。

2）Yanshee APP 与机器人进行网络连接。

3）单击 Yanshee APP 左侧菜单"舵机校正"，进入舵机校正界面，如图 2-9 所示。

4）单击"快速校准"选项，根据页面提示分步进行舵机校正。

（2）手动校准：手动校准步骤如下：

1）校正准备工作与"快速校准"一致，单击 Yanshee APP 左侧菜单"舵机校正"，进入图 2-9 所示舵机校正界面。

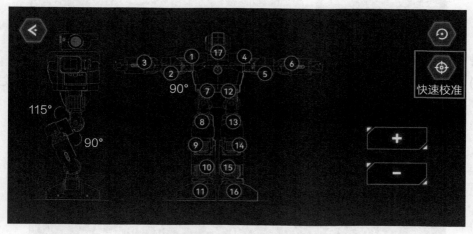

图 2-9 "舵机校正"—"快速校准"

2）单击舵机序号，选择需要调试的舵机，通过单击"+"和"−"按钮调平对应舵机，如图 2-10 所示。

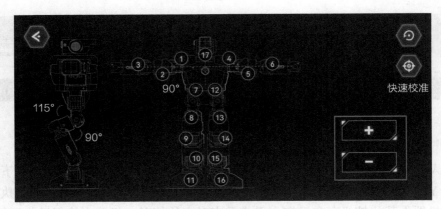

图 2-10 "舵机校正"—"手动校准"

3）将机器人的双手调平，头部与身体水平；胸部与膝关节的夹角为 115°，膝关节与小腿夹角为 90°，机器人两脚底板水平，如图 2-11 所示。

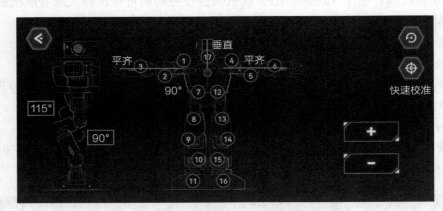

图 2-11 "舵机校正"—"手动校准"标准

（3）退出校准：

1）如图 2-12 所示，单击"后退"按钮，退出舵机校正界面，验证舵机校正效果。

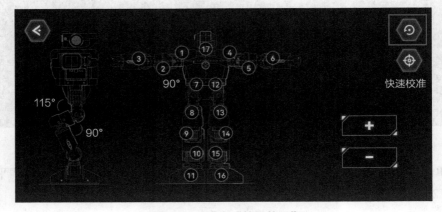

图 2-12 退出"舵机校正"

2）打开 Yanshee APP，单击"运动控制"，执行"起床"和"串烧"两个动作，如果机器人前后左右可以正常移动，能够平稳动作而不会摔倒，就可以认为校正的比较理想了。

任务 2.2　调试人形服务机器人的基础功能

1. Yanshee APP 基础控制操作

（1）单击 Yanshee APP 主界面的"运动控制"，如图 2-13 所示，进入运动控制界面，如图 2-14 所示。

（2）单击图 2-14 所示界面中右下角第一个图标"文字输入转语音"，可以让机器人读出录入的文字内容。

（3）单击图 2-14 所示界面中右下角第二个图标"唤醒机器人"，开启双声道立体声喇叭和高灵敏麦克风，让机器人可以听见。

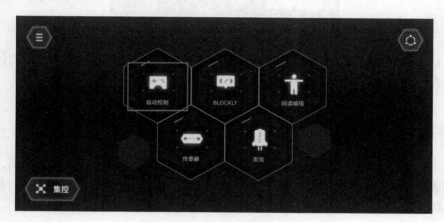

图 2-13　Yanshee APP 主界面

图 2-14　Yanshee APP 运动控制界面

（4）单击图 2-14 所示界面中右下角第三个图标"打开机器人摄像头"，让机器人看得见能记录。

（5）单击图 2-14 所示界面中左下方的"遥控器"图标，可以控制机器人前进、后退、左转、右转。

2. Blockly 模块化编程功能调试

以一个简单的人脸识别的 Blockly 模块编程为例。具体步骤如下：

（1）打开软件：双击树莓派桌面的 Blockly 图标，打开软件。

（2）模块编程：从左边拖动程序块至编辑区，逻辑代码如图 2-15 所示。

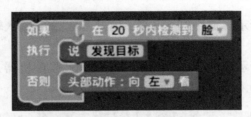

图 2-15　Blockly 界面图

（3）运行测试：根据代码，调试情况分真实情况（人脸、动物脸、其他物体）和模拟情况（含有人脸的纸质、相片材料）。

任务评价

完成本项目中的学习任务后，请对学习过程和结果的质量进行评价和总结，并填写评价反馈表（见表 2-1）。自我评价由学习者本人填写，小组评价由组长填写，教师评价由任课教师填写。

表 2-1　评价反馈表

班级		姓名		学号		日期	
自我评价	1. 能说出机器人的坐标系类型					□是　□否	
	2. 能够完成人形服务机器人的零点标定操作					□是　□否	
	3. 能够手动调试人形服务机器人的舵机					□是　□否	
	4. 能够使用 Yanshee APP 软件控制机器人前进、后退、左转、右转					□是　□否	
	5. 能够使用 Yanshee APP 软件唤醒机器人					□是　□否	
	6. 能够使用 Yanshee APP 软件对机器人进行 Blockly 模块化编程调试					□是　□否	
	7. 在完成任务的过程中遇到了哪些问题？是如何解决的？						

（续）

班级		姓名		学号		日期	
自我评价	8.是否能独立完成工作页/任务书的填写					☐是　☐否	
	9.是否能按时上、下课，着装规范					☐是　☐否	
	10.学习效果自评等级					☐优　☐良　☐中　☐差	
	11.总结与反思						
小组评价	1.在小组讨论中能积极发言					☐优　☐良　☐中　☐差	
	2.能积极配合小组完成工作任务					☐优　☐良　☐中　☐差	
	3.在查找资料信息中的表现					☐优　☐良　☐中　☐差	
	4.能够清晰表达自己的观点					☐优　☐良　☐中　☐差	
	5.安全意识与规范意识					☐优　☐良　☐中　☐差	
	6.遵守课堂纪律					☐优　☐良　☐中　☐差	
	7.积极参与汇报展示					☐优　☐良　☐中　☐差	
教师评价	综合评价等级： 评语： 教师签名：　　　　　日期：						

➲ 项目习题

一、选择题

1. 坐标系是为确定机器人的（　　　）而在机器人或空间上进行定义的位置坐标系统。（多选题）

　A.位置　　　　　　　　　　　　B.姿态

　C.坐标　　　　　　　　　　　　D.末端位置

2. （　　　）是用来描述机器人本体运动的直角坐标系，随着机器人整体的移动而移动。

　A.绝对坐标系　　　　　　　　　B.基座坐标系

　C.机械接口坐标系　　　　　　　D.工具坐标系

3. 正向运动学即给定机器人各关节变量（运动参数和杆件的结构参数），计算机器人末端相对于（　　　）的位置姿态。

A. 基座坐标   B. 关节轴

C. 连杆坐标系   D. 参考坐标系

4. 下列属于服务机器人基础调试的是（   ）。（多选题）

A. 舵机校正   B. 回读编程

C. 传感器检测   D. 机器人关节伺服舵机拆装

5. 机器人的零点标定是将机器人的（   ）和（   ）同步，定义机器人的物理位置，从而使机器人能够准确地按照原定位置移动。（多选题）

A. 机械信息   B. 通信状态

C. 位置信息   D. 物理信息

二、判断题

1. 右手直角坐标系是直角坐标系的方法之一，主要是为了规定各个坐标系的正方向。（   ）

2. 任何机器人都离不开基座坐标系。（   ）

3. 一般情况下，工具坐标系与机械接口坐标系是重合的。（   ）

4. 位姿通常指末端执行器或机械接口的位置和姿态。（   ）

5. 求解逆运动问题，是为了规划关节空间轨迹，更好地控制机器人。（   ）

03

项目三
搭建服务机器人软件环境

【项目导入】

在服务机器人相关技术中，软件环境的搭建至关重要。一个机器人只有搭建完软件环境，才能被人们控制并进行服务。脱离了软件环境的搭建，即使再强大的机器人也会变得毫无用武之地。除此之外，学习服务机器人软件基础知识（包括操作系统搭建和运行软件环境构建的相关知识）也有助于我们更深入地了解服务机器人。

在本项目中，将带大家学习服务机器人软件环境的搭建，全面了解机器人运行的操作系统及基本环境，掌握机器人操作系统的安装与使用（见图 3-1）。

图 3-1　Yanshee 系统界面

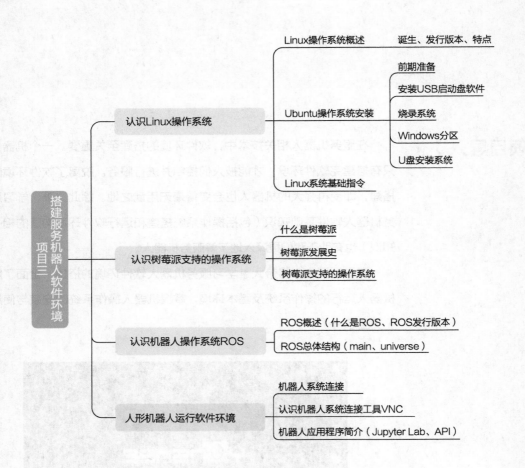

学习目标

1. 了解 Linux 操作系统的定义与特点；
2. 能安装 Ubuntu 操作系统，掌握基础操作命令；
3. 了解树莓派的概念以及树莓派支持的操作系统；
4. 了解机器人操作系统的概念与发行版本；
5. 能使用 VNC 访问机器人树莓派系统。

项目任务

1. 使用 VNC Viewer 访问机器人树莓派系统；
2. 调用接口实现机器人语音播报功能。

相关知识

3.1　认识 Linux 操作系统

3.1.1　Linux 操作系统概述

1. Linux 操作系统的诞生

Linux 操作系统是一套免费使用且自由传播的类 Unix 操作系统，诞生于 1991 年 10 月 5 日，由芬兰人林纳斯·托瓦兹（Linus Torvalds）在赫尔辛基大学上学时出于个人爱好而编写。Linux 是一个基于 POSIX 和 UNIX 的多用户、多任务、支持多线程和多 CPU 的操作系统，存在着许多不同的发行版，但它们都使用了 Linux 内核。Linux 可安装在各种计算机硬件设备中，比如手机、平板计算机、路由器、视频游戏控制台、台式计算机、大型机和超级计算机。严格来讲，Linux 这个词本身只表示 Linux 内核，但实际上人们已经习惯了用 Linux 来形容整个基于 Linux 内核并且使用 GNU 工程各种工具和数据库的操作系统。

2. Linux 操作系统的发行版本

Linux 有上百种不同的发行版本，如基于社区开发的 Debian、Arch 和基于商业开发的 Red Hat Enterprise Linux、SUSE、Oracle Linux 等。目前市面上较知名的发行版有：Ubuntu、RedHat、CentOS、Debian、Fedora、SUSE、OpenSUSE、Arch Linux、SolusOS

等。Linux 的发行版本是将 Linux 内核、GNU 工具、附加软件和软件包管理器组成一个操作系统，并提供系统安装界面和系统配置以及管理工具。以 Linux 为内核的发行家族与具体版本的关系如图 3-2 所示。

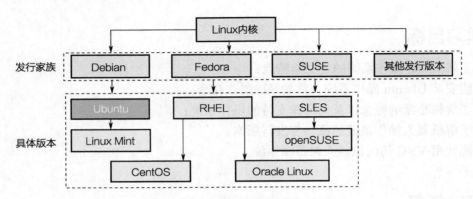

图 3-2　Linux 发行家族及具体版本

Ubuntu 中文名"乌班图"，是基于 Debian 的一个 GNU/Linux 操作系统，Ubuntu 标志如图 3-3 所示。其理念是"Humanity to others"，即"人道待人"。Ubuntu 是一个以桌面应用为主的 Linux 操作系统，每 6 个月发布一个新版本，每个版本都有代号和版本号。版本号基于发布日期，例如第一个版本，Ubuntu 4.10，代表是在 2004 年 10 月发行的。

图 3-3　Ubuntu 标志

3. Linux 操作系统的特点

目前在我国 Linux 操作系统更多的是应用于服务器上，而桌面操作系统更多使用的是 Windows 操作系统。与 Windows 操作系统相比，Linux 操作系统具有稳定且高效、免费或低费用、漏洞少且修补快等特点。从界面、驱动程序、使用、学习、软件支持五个方面对比 Linux 操作系统和 Windows 操作系统，见表 3-1。

表 3-1　Linux 操作系统 VS Windows 操作系统

	Windows 操作系统	Linux 操作系统
界面	1. 界面统一 2. 外壳程序固定 3. 所有 Windows 程序菜单几乎一致，快捷键也几乎相同	1. 发布版本不同图形界面风格不同 2. 不同版本可能互不兼容 3. GNU/Linux 的终端机是从 UNIX 传承下来的，基本命令和操作方法几乎相同
驱动程序	1. 驱动程序丰富，版本更新频繁 2. 默认安装程序里面一般包含有该版本发布时流行的硬件驱动程序，之后所出的新硬件驱动程序依赖于硬件厂商提供。对于一些旧版硬件，如果没有原配的驱动程序有时很难支持。有时硬件厂商未提供所需版本的 Windows 下的驱动，也会比较棘手	1. 志愿者免费开发，由 Linux 核心开发小组发布 2. 很多硬件厂商基于版权考虑并未提供驱动程序，尽管多数无需手动安装，但是涉及安装则相对复杂，使得新用户面对驱动程序问题会一筹莫展。但是在开源开发模式下，许多旧版硬件尽管在 Windows 下很难支持的也容易找到驱动。HP、Intel、AMD 等硬件厂商逐步不同程度地支持开源驱动，问题正在得到缓解

（续）

	Windows 操作系统	Linux 操作系统
使用	1. 使用简单，容易上手 2. 图形化界面，对零基础用户使用十分友好	1. 图形界面使用简单，易入门 2. 文字界面，需要学习基本知识才能掌握
学习	系统构造复杂、变化频繁，知识、技能迭代很快，深入学习困难	系统构造简单、稳定，且知识、技能易于传承，深入学习相对容易
软件	大部分特定功能都需要商业软件的支持，需要购买相应的授权	大部分软件都可以自由获取，同样功能的软件选择较少

3.1.2　Ubuntu 操作系统安装

1. 前期工作准备

登陆 Ubuntu 官方网站，下载 Ubuntu 安装包，如图 3-4 所示，将 ISO 文件保存到自定义的位置。

2. 安装 USB 启动盘软件

Rufus 是一个开源免费的快速制作 U 盘系统启动盘和格式化 USB 的实用小工具，它可以把 ISO 格式的系统镜像文件快速制作成可引导的 USB 启动安装盘，支持 Windows 或 Linux 启动。下载 Rufus 软件，并将文件保存到自定义的位置。

3. 烧录系统

插入 U 盘，需确保 U 盘为空盘或者 U 盘中内容可以被格式化。打开 Rufus 软件，在弹出的对话框中做系统烧录设置，如图 3-5 所示。烧录完成后弹出 U 盘。

图 3-4　下载 Ubuntu 安装包　　　　　　　图 3-5　系统烧录

4. Windows 分区

（1）在 Windows10 操作系统中，单击【此电脑】，在【计算机】选项卡中选择【管理】命令，如图 3-6 所示。

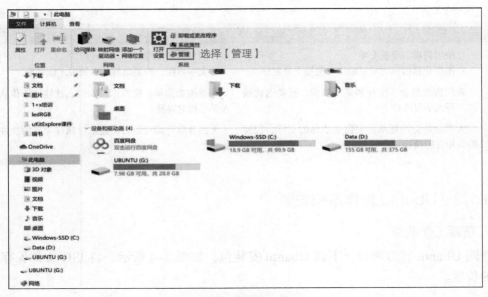

图 3-6　计算机管理

（2）在弹出的【计算机管理】对话框中选择左侧【磁盘管理】项，在工作区选择
【Data（D:）】，单击右键选择【压缩卷】，如图 3-7 所示。

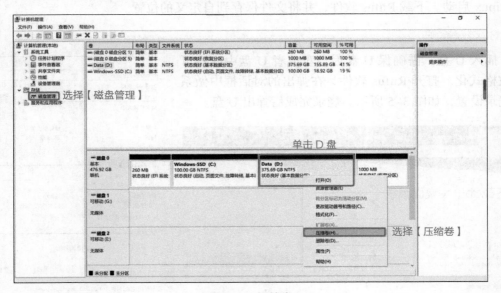

图 3-7　压缩卷

（3）在对话框中【输入压缩空间量（MB）(E)：】一项中输入合适的值，可根据自
身计算机的空间大小设置恰当的空间量，如图 3-8 所示。

（4）单击【压缩】后重启计算机，插入 U 盘，设置 USB 启动，按住 Shift 键单击
【开始】选项卡中的【重启】命令，如图 3-9 所示。

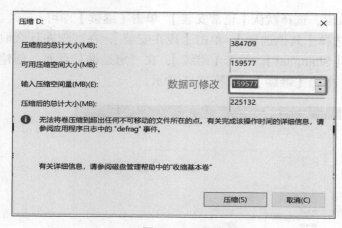

图 3-8　压缩空间

图 3-9　重启

（5）选择【使用设备】选项，使用 U 盘启动，如图 3-10 所示。

（6）选择【UEFI：Removable Device】，选择可移动设备启动，如图 3-11 所示。

图 3-10　启动项

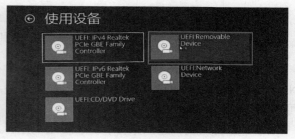

图 3-11　选择设备

5. U 盘安装系统

（1）选择【中文（简体）】，单击【安装 Ubuntu】，如图 3-12 所示。

图 3-12　安装 Ubuntu

（2）在"更新和其他软件"页面，选择默认【正常安装】，单击【继续】即可。

（3）在"安装类型"页面，选择【其他选项】，单击【现在安装】；在"您在什么地方"页面，选择时区，一般选择【Shanghai】，单击【继续】；在"您是谁"页面，创建用户名及密码，填写各个选项后，单击【继续】，如图 3-13 所示。

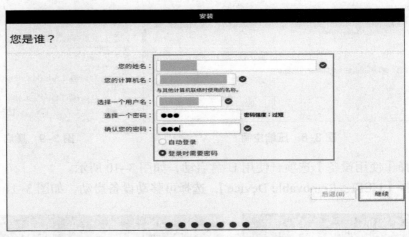

图 3-13　用户名和密码设置

（4）安装和配置完所有内容后会出现一个小窗口，要求您重新启动机器。Restart Now 出现提示时，单击并移除 USB 闪存驱动器。如果您在测试桌面时启动了安装，您还可以选择继续测试。

（5）安装完成，进入桌面，如图 3-14 所示。安装完成后再重启计算机就可以使用方向键选择 Ubuntu 系统或者 Windows10 系统。

图 3-14　Ubuntu 桌面

3.1.3　Linux 系统基础指令

Linux 系统基础指令见表 3-2。

表 3-2　Linux 系统基础指令

序号	指令	功能
1	pwd	查看用户的当前目录
2	cd	切换目录
3	.	表示当前目录
4	..	表示当前目录的上一级目录（父目录）
5	–	表示用 cd 命令切换目录前所在的目录
6	~	表示用户主目录的绝对路径名
7	ls	显示文件或目录信息
8	mkdir	当前目录下创建一个空目录
9	rmdir	删除空目录
10	touch	生成一个空文件或更改文件的时间
11	cp	复制文件或目录
12	mv	移动文件或目录、文件或目录改名
13	rm	删除文件或目录
14	ln	建立链接文件
15	find	查找文件
16	file/stat	查看文件类型或文件属性信息
17	cat	查看文本文件内容
18	more	可以分页看
19	less	不仅可以分页，还可以方便地搜索、回翻等操作
20	tail	查看文件的尾部行
21	head	查看文件的头部行
22	echo	把内容重定向到指定的文件中，有则打开，无则创建

3.2　认识树莓派支持的操作系统

3.2.1　什么是树莓派

Raspberry Pi（中文名为"树莓派"，简写为 RPi/ RasPi）是为学生学习计算机编程而设计的，只有信用卡大小的卡片式计算机，其系统基于 Linux。

树莓派由注册于英国的慈善组织"Raspberry Pi 基金会"开发，Eben·Upton（埃·厄普顿）为项目带头人，2012 年 3 月正式发售。树莓派大小似信用卡，它的长度为 8.56cm，宽度为 5.6cm，厚度只有 2.1cm。如图 3-15 所示。

图 3-15　树莓派 4B

树莓派把整个系统集成在一块电路板上，被称为 SoC（System on Chip）。SoC 在手机等小型化设备中很常见，功耗也比较低。自问世以来，受众多计算机发烧友和创客的追捧，曾经一"派"难求。别看其外表"娇小"，内"心"却很强大，视频、音频等功能通通皆有，可谓是"麻雀虽小，五脏俱全"。树莓派基金会提供了基于 ARM 的 Debian 和 Arch Linux 的发行版供大众下载。还支持 Python 作为主要编程语言，支持 Java、BBC BASIC（通过 RISC OS 映像或者 Linux 的 "Brandy Basic" 克隆）、C 和 Perl 等编程语言。

3.2.2　树莓派发展史

树莓派早期有 A 和 B 两个型号，主要区别如下。

（1）A 型：1 个 USB、无有线网络接口、功率 2.5W，500mA、256MB RAM。

（2）B 型：2 个 USB、支持有线网络、功率 3.5W，700mA、512MB RAM。

2013 年 2 月，深圳韵动电子取得了树莓派在国内的销售权限，为了便于区分市场，树莓派基金会规定韵动电子在中国大陆销售的树莓派一律采用红色的 PCB，并去掉 FCC 及 CE 标识，从此，红版树莓派便来到了国内广大树莓派爱好者身边。

2014 年 7 月和 11 月，树莓派分别推出 B+ 和 A+ 两个型号，主要区别在于：B+ 型有 4 个 USB，芯片和内存与 B 型相同、功耗更低、接口更丰富；A+ 型有 1 个 USB，支持同 B+ 型一样的 MicroSD 卡读卡器和 40-pin 的 GPI 连接端口，主板尺寸更小。

2016 年 2 月，树莓派 3B 版本发布。2019 年 6 月 24 日，树莓派 4B 版本发布。2020 年 05 月 28 日，树莓派基金会宣布推出树莓派 4B 新 SKU，即 8GB RAM 版本。

为了充分利用 8GB RAM，树莓派还开发了基于 Debian 的 64 位专用操作系统。而且，8GB 版本相比于前一个版本，改进了电源。另外，在 32 位系统中，可用 RAM 为 7.8GB，在 64 位系统缩减到了 7.6GB。

3.2.3　树莓派支持的操作系统

树莓派使用的操作系统可以分为官方和非官方两大类。

树莓派基金会官方指定的操作系统是 Raspbian 系统，属于 Linux 系统。除了 Raspbian 系统以外，树莓派非官方操作系统种类繁多，其性能也各有千秋。常用的非官方操作系统包括 Ubuntu MATE、Snappy Ubuntu Core、Windows 10 IoT Core、

LiberELEC、OSMC、PiNEt、RISC OS 等，这些系统的具体特点见表 3-3。

表 3-3　树莓派各操作系统特点

序号	系统名称	特点	版本
1	Raspbian	唯一官方系统，维护积极，用户最多	官方
2	Ubuntu MATE	Ubuntu Linux 的派生版，软件包更新最快	非官方
3	Snappy Ubuntu Core	内核较小，系统安全、可靠	非官方
4	Windows 10 IoT Core	没有桌面环境，专门用于物联网开发	非官方
5	LiberELEC	轻量级界面，精简化设计，适合用做媒体服务器	非官方
6	OSMC	另一个主流媒体服务器系统，可安装的软件包更多	非官方
7	PiNEt	专门为学校管理树莓派的课堂而设计	非官方
8	RISC OS	最早的 ARM 处理器操作系统，功能实用，易于安装	非官方

3.3　认识机器人操作系统 ROS

3.3.1　ROS 概述

1. 什么是 ROS

ROS 是机器人操作系统（Robot Operating System）的英文缩写。ROS 是用于编写机器人软件程序的一种具有高度灵活性的软件架构。ROS 的原型源自斯坦福大学的 Stanford Artificial Intelligence Robot (STAIR) 和 Personal Robotics (PR) 项目。

ROS 是一个适用于机器人编程的框架，这个框架把原本松散的零部件耦合在了一起，为其提供通信架构。ROS 虽然叫作操作系统，但并非 Windows、Mac 那样通常意义的操作系统，它只是连接操作系统和用户开发的 ROS 应用程序，是一个中间件；它运行在基于操作系统上的环境中。在这个环境中，机器人的感知、决策、控制算法可以更好地组织和运行。

目前 ROS 已广泛应用于 Clearpath 物流机器人、Fetch 导购机器人、Erle 无人机、DJI 大疆无人机、DataSpeed 自动驾驶汽车、Nao 舞蹈机器人、Lego 玩具机器人、iRobot 扫地机器人、Pepper 情感机器人等多种机器人身上。

2. ROS 发行版本

ROS 的发行版本（ROS Distribution）指 ROS 软件包的版本，与 Linux 的发行版本（如 Ubuntu）的概念类似。推出 ROS 发行版本的目的在于使开发人员可以使用相对稳定的代码库，直到其准备好将所有内容进行版本升级为止。因此，每个发行版本推出后，ROS 开发者通常仅对这一版本的 bug 进行修复，同时提供少量针对核心软件包的改进。截至 2020 年 5 月，ROS 的主要发行版本的版本名称、发布时间、版本生命周期与操作系统平台见表 3-4。

表 3-4　ROS 具体版本信息

版本名称	发布时间	版本生命周期	操作系统平台
ROS Noetic Ninjemys	2020 年 5 月 23 日	2025 年 5 月	Ubuntu 20.04
ROS Melodic Morenia	2018 年 5 月 23 日	2023 年 5 月	Ubuntu 17.10 Ubuntu 18.04 Debian 9 Windows 10
ROS Lunar Loggerhead	2017 年 5 月 23 日	2019 年 5 月	Ubuntu 16.04 Ubuntu 16.10 Ubuntu 17.04 Debian 9
ROS Kinetic Kame	2016 年 5 月 23 日	2021 年 4 月	Ubuntu 15.10 Ubuntu 16.04 Debian 8
ROS Jade Turtle	2015 年 5 月 23 日	2017 年 5 月	Ubuntu 14.04, Ubuntu 14.10 Ubuntu 15.04
ROS Indigo Igloo	2014 年 7 月 22 日	2019 年 4 月	Ubuntu 13.04 Ubuntu 14.04
ROS Hydro Medusa	2013 年 9 月 4 日	2015 年 5 月	Ubuntu 12.04 Ubuntu 12.10 Ubuntu 13.04
ROS Groovy Galapagos	2012 年 12 月 31 日	2014 年 7 月	Ubuntu 11.10 Ubuntu 12.04 Ubuntu 12.10
ROS Fuerte Turtle	2012 年 4 月 23 日	—	Ubuntu 10.04 Ubuntu 11.10 Ubuntu 12.04
ROS Electric Emys	2011 年 8 月 30 日	—	Ubuntu 10.04 Ubuntu 10.10 Ubuntu 11.04 Ubuntu 11.10
ROS Diamondback	2011 年 3 月 2 日	—	Ubuntu 10.04 Ubuntu 10.10 Ubuntu 11.04
ROS C Turtle	2010 年 8 月 2 日	—	Ubuntu 9.04 Ubuntu 9.10 Ubuntu 10.04 Ubuntu 10.10
ROS Box Turtle	2010 年 3 月 2 日	—	Ubuntu 8.04 Ubuntu 9.04 Ubuntu 9.10 Ubuntu 10.04

ROS 的软件主要在 Ubuntu 和 Mac OS X 系统上测试，同时 ROS 社区仍持续支持 Fedora、Gentoo、Arch Linux 和其他 Linux 平台。Microsoft Windows 端口的 ROS 已经实现，但并未完全开发完成。安装机器人操作系统前需要先安装相应的 Ubuntu 桌面操作系统。之后，再使用命令安装相应的 ROS 系统，经过安装测试后就可以进行机器人各项功能的开发使用。

3.3.2 ROS 总体结构

根据 ROS 系统代码的维护者和分布，ROS 主要可分为两大部分：main 和 universe。

1. main

核心部分，主要由 Willow Garage 公司和一些开发者设计、提供以及维护。它提供了一些分布式计算的基本工具，以及整个 ROS 的核心部分的程序编写。

2. universe

全球范围的代码，有不同国家的 ROS 社区组织开发和维护。一种是库的代码，如 OpenCV、PCL 等；库的上一层是从功能角度提供的代码，如人脸识别，他们调用下层的库；最上层的代码是应用级的代码，让机器人完成某一确定的功能。

此外，ROS 从其代码本身来说可以分为三个级别：计算图级、文件系统级、社区级。计算图级：描述程序是如何运行的；文件系统级：主要解决程序文件是如何组织和构建问题；社区级，主要解决程序的分布式管理问题。

3.4 人形机器人运行软件环境

不同品牌的机器人其运行的软件环境也略有不同，本书以智能人形服务机器人 Yanshee（以下简称"Yanshee"）为例，介绍人形机器人的运行软件环境。

3.4.1 机器人系统连接

Yanshee 的运行环境是 Ubuntu 16.04 ROS Kinetic。Yanshee 内建了定制的树莓派 3B 主板，配备一枚博通（Broadcom）出产的 ARM 架构 4 核 1.2GHz BCM2837 处理器，1G LPDDR2 内存，使用 SD 卡当作储存媒体，2 个 USB 接口以及 HDMI（支持声音输出），除此之外，还支持蓝牙 4.1 以及 Wi-Fi。使用 HDMI 线连接 PC 机后可访问机器人系统，也可以手机端通过 Yanshee APP 控制使用机器人。还可以使用 VNC Viewer 软件（见图 3-16）远程登录访问。

图 3-16 VNC Viewer 图标

3.4.2 认识机器人系统连接工具 VNC

VNC（Virtual Network Console），即虚拟网络控制台，它是一款基于 UNIX 和 Linux 操作系统的优秀远程控制工具软件，由著名的 AT&T 的欧洲研究实验室开发，远程控制能力强大，高效实用，并且免费开源。

VNC 基本上是由两部分组成：一部分是客户端的应用程序（VNC Viewer）；另外一部分是服务器端的应用程序（VNC Server）。在任何安装了客户端的应用程序（VNC Viewer）的计算机都能十分方便地与安装了服务器端的应用程序（VNC Server）的计算机相互连接。

基于树莓派的机器人已经内置好了 VNC Server，因此可以方便地通过 VNC Viewer 远程连接控制机器人。

VNC 的具体运行流程如下：

（1）客户端通过 VNC Viewer 连接至 VNC Server；

（2）VNC Server 传送一对话窗口至客户端，要求输入连接密码；

（3）客户端输入联机密码后，VNC Server 验证客户端是否具有存取权限；

（4）若客户端通过 VNC Server 的验证，客户端即要求 VNC Server 显示桌面环境；

（5）VNC Server 通过 X Protocol 要求 X Server 将画面显示控制权交由 VNC Server；

（6）之后 VNC Server 由 X Server 的桌面环境利用 VNC 通信协议送至客户端，并且允许客户端控制 VNC Server 的桌面环境及输入装置。

3.4.3　机器人应用程序简介

1. JupyterLab

使用 VNC 连接完机器人 Yanshee 后，就可以通过应用程序来控制它。在这些程序中，需要重点关注 JupyterLab。Jupyter 源于 IPython Notebook，是使用 Python（也有 R、Julia、Node 等其他语言的内核）进行代码演示、数据分析、可视化、教学的工具。

Jupyter Lab 是 Jupyter 的一个拓展，提供了更好的用户体验。Jupyter Lab 的出现是为了取代 Jupyter Notebook。Jupyter Notebook 是基于网页的用于交互计算的应用程序。Jupyter Notebook 可以以网页的形式打开，可以在网页页面中直接编写代码和运行代码，代码的运行结果也会直接显示在代码块下。Jupyter Lab 包含 Jupyter Notebook 所有功能，作为一种基于 web 的集成开发环境，可以用来编写 notebook、操作终端、编辑 markdown 文本、打开交互模式、查看 csv 文件及图片等。用户可以在 JupyterLab 中编写 Python 代码，控制机器人 Yanshee 实现各类功能。

2. API

API(Application Program Interface) 即操作系统留给应用程序的一个调用接口，应用程序通过调用操作系统的 API 使操作系统去执行应用程序的命令。在编写 Python 代码控制机器人 Yanshee 时，用户需要借助 YanAPI 的帮助。

YanAPI 是基于 Yanshee RESTful 接口开发的、针对 Python 编程语言的 SDK。SDK（Software Development Kit）指的是软件开发工具包，用于辅助开发某一类软件的相关文档、范例和工具的集合。可以这样简单区分 API 与 SDK：单个接口调用命令为 API，多个 API 的集合为 SDK。YanAPI（SDK）提供了获取机器人状态信息、设计并控制机器人表现能力等一系列 API，可以轻松定制机器人的各种功能。

　　Yanshee RESTful API 是使用 swagger-codegen 基于 OpenAPI-Spec 的工程。所有的 API 由 Flask 的 Connexion 来解释。YanAPI 相较于 RESTful API 来说程序更简单。

　　Yanshee 开发者网站提供了 YanAPI 和 RESTful API 的资源，如图 3-17 所示。

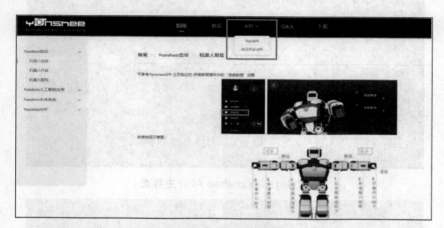

图 3-17　Yanshee 开发者网站 -API

任务实施

　　所需设施 / 设备：2.4G 无线网络、智能人形机器人、无线键鼠（无线键盘、无线鼠标）、配套传感器、HDMI 线、计算机（未安装远程控制软件 VNC 客户端）、手机（已安装 Yanshee APP）。

任务 3.1　使用 VNC Viewer 访问机器人树莓派系统

1. 安装 VNC Viewer

在 PC 端下载并安装 VNC Viewer 远程桌面软件，如图 3-18 所示。

图 3-18　VNC Viewer 官方下载

2. PC 端使用 VNC Viewer 访问机器人

（1）手机端打开 Yanshee APP，进入"设置—机器人信息"，在最下方查看记录机器人 IP 地址，如图 3-19 到 3-21 所示。

图 3-19   Yanshee APP 主界面

图 3-20   Yanshee APP- 设置

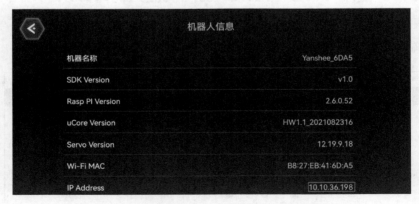

图 3-21   Yanshee APP—设置—机器人信息

（2）PC 端打开 VNC Viewer 远程桌面软件，在上方输入栏输入对应的机器人 IP 地址，如图 3-22 所示。

（3）在 VNC Server 登录界面中输入用户名：pi，密码：raspberry，如图 3-23 所示，

进入机器人的树莓派系统，如图 3-24 所示。

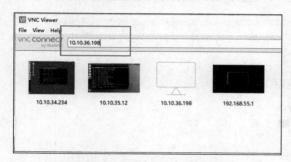

图 3-22　VNC Viewer 界面

图 3-23　VNC Server 登录界面

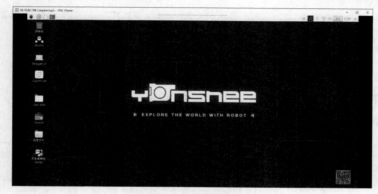

图 3-24　Yanshee 树莓派系统界面

任务 3.2　调用接口实现机器人语音播报功能

1. 打开 Jupyter Lab

按照任务一进入机器人 Yanshee 的树莓派系统，找到桌面上的 Jupyter Lab 并双击打开，如图 3-25 所示，进入 Jupyter Lab 软件界面，如图 3-26 所示。

图 3-25　机器人 Yanshee 树莓派系统桌面

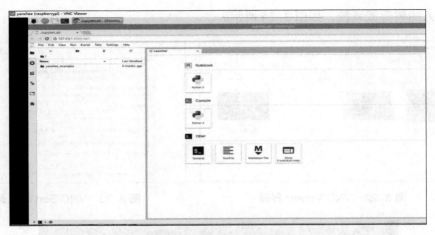

图 3-26　Jupyter Lab 界面

2. 新建 notebook 文件

在根目录下新建一个 notebook，如图 3-27 所示，选择 Python 3 内核，如图 3-28 所示，新建完成后如图 3-29 所示。

图 3-27　新建 notebook

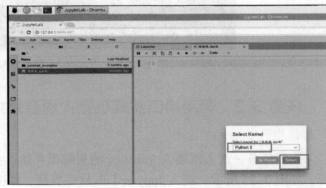

图 3-28　选择 Python 3 内核

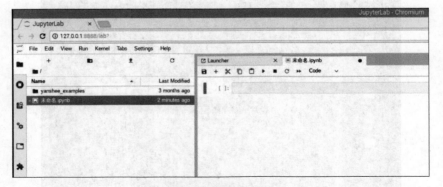

图 3- 29　新 notebook

3. 录入程序

（1）在编辑框中编辑以下内容，如图 3-30 所示。

1）导入 YanAPI。

```
import YanAPI
```

2）调用语音播报接口 YanAPI.start_voice_tts()，让机器人说出 "hello, I am Yanshee"。

```
YanAPI.start_voice_tts("hello, I am Yanshee",False)
```

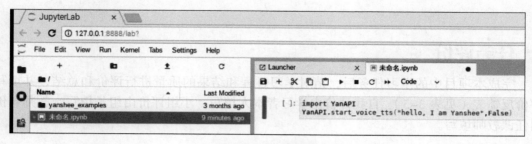

图 3-30　程序内容

（2）重命名文件为 Num 1 program.ipynb，如图 3-31、图 3-32 所示。

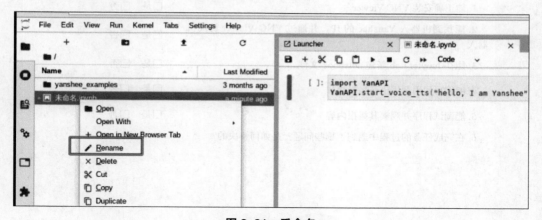

图 3-31　重命名

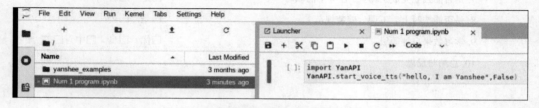

图 3-32　重命名为 Num 1 program

4. 运行程序

运行程序，检查程序打印内容并观察机器人的语音播报内容，如图 3-33 所示。

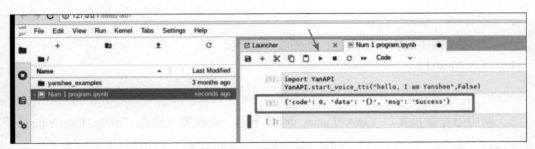

图 3-33   运行程序

任务评价

完成本项目中的学习任务后，请对学习过程和结果的质量进行评价和总结，并填写评价反馈表（见表 3-5）。自我评价由学习者本人填写，小组评价由组长填写，教师评价由任课教师填写。

表 3-5   评价反馈表

班级	姓名	学号	日期	
自我评价	1. 能正确安装 VNC Viewer		□是 □否	
	2. 能找到机器人 Yanshee 的 IP，并通过 VNC Viewer 访问机器人		□是 □否	
	3. 能在 Jupyter Lab 新建 notebook 文件		□是 □否	
	4. 能编写代码调用语音播报接口		□是 □否	
	5. 能调试程序并观察其播报内容		□是 □否	
	6. 在完成任务的过程中遇到了哪些问题？是如何解决的？			
	7. 是否能独立完成工作页/任务书的填写		□是 □否	
	8. 是否能按时上、下课，着装规范		□是 □否	
	9. 学习效果自评等级		□优 □良 □中 □差	
	10. 总结与反思			

（续）

班级		姓名		学号		日期	
小组评价	1. 在小组讨论中能积极发言					□优　□良　□中　□差	
	2. 能积极配合小组完成工作任务					□优　□良　□中　□差	
	3. 在查找资料信息中的表现					□优　□良　□中　□差	
	4. 能够清晰表达自己的观点					□优　□良　□中　□差	
	5. 安全意识与规范意识					□优　□良　□中　□差	
	6. 遵守课堂纪律					□优　□良　□中　□差	
	7. 积极参与汇报展示					□优　□良　□中　□差	
教师评价	综合评价等级： 评语：						
						教师签名：　　　　日期：	

➔ 项目习题

一、选择题

1. Linux 的发展起始于_____年，它是_____的一名叫 Linus 的大学生开发出来的。（　　）

   A. 1990，比利时　　　　　　　　　　B. 1991，芬兰

   C. 1993，美国　　　　　　　　　　　D. 1990，德国

2. Linux 操作系统的应用领域极其广泛，在下列选项中，哪些可能用到 Linux 操作系统？（　　）

   A. 汽车　　　　　　　　　　　　　　B. 手机

   C. 机顶盒　　　　　　　　　　　　　D. 以上全部

3. 除非特别指定，cp 假定要拷贝的文件在下面哪个目录下？（　　　）

   A. 用户目录　　　　　　　　　　　　B. home 目录

   C. root 目录　　　　　　　　　　　　D. 当前目录

4. cd 命令可以改变用户的当前目录，当用户键入命令"cd"并按 Enter 键后（　　　）。

   A. 当前目录改为根目录　　　　　　　B. 当前目录没变，屏幕显示当前目录

   C. 当前目录改为用户主目录　　　　　D. 当前目录改为上一级目录

5. 下面属于 Linux 操作系统的是（　　　）。（多选题）

   A. Ubuntu　　　　　　　　　　　　　B. CentOS

   C. Redhat　　　　　　　　　　　　　D. Suse

6. Linux 操作系统的主要特点是（　　　）。（多选题）

A. 免费　　　　　　　　　　　　　B. 开源

C. 多用户多任务　　　　　　　　　D. 安全

7. Raspberry Pi（中文名为"树莓派"，简写为 RPi/ RasPi）是为学生学习计算机编程而设计，只有信用卡大小的卡片式计算机，其系统基于（　　　）。

A. Linux　　　　　　　　　　　　B. Windows

C. MOS　　　　　　　　　　　　　D. IE

8. ROS 的软件主要在（　　　）系统上运行。

A. Ubuntu　　　　　　　　　　　B. Linux

C. OS　　　　　　　　　　　　　D. WINDOWS

9. Yanshee APP 界面一共有（　　　）个功能。

A. 3 个　　　　　　　　　　　　　B. 4 个

C. 5 个　　　　　　　　　　　　　D. 6 个

10. ROS 的核心是（　　　）。

A. 消息　　　　　　　　　　　　　B. 服务

C. 节点　　　　　　　　　　　　　D. 程序包

二、判断题

1. Linux 的命令由连续的字符组成，命令和参数之间可以没有空格。（　　　）

2. 在 Linux 系统中命令不区分大小写。（　　　）

3. Raspberry Pi 可以使用 Ubuntu 操作系统。（　　　）

4. 除了 Raspbian 官方系统以外，树莓派非官方操作系统种类繁多。（　　　）

5. 利用 Raspberry Pi 可以编辑 Office 文档、浏览网页、玩游戏。（　　　）

6. 树莓派常用的非官方操作系统包括 Ubuntu MATE、Snappy Ubuntu Core 等。（　　　）

7. ROS 是用于编写机器人软件程序的一种具有高度灵活性的软件架构。（　　　）

8. 机器人 Yanshee 内建了定制的树莓派 4B 主板。（　　　）

9. 可以使用 HDMI 线连接 PC 机后访问机器人 Yanshee，也可以使用 VNC Viewer 软件远程登录访问机器人 Yanshee。（　　　）

10. 不同品牌的机器人其运行软件环境也略有不同。（　　　）

11. ROS 的软件主要在 Ubuntu 和 Mac OS X 系统上测试。（　　　）

04

项目四
让服务机器人学跳舞

【项目导入】

　　动物和人类都可以通过控制肢体灵活地完成各种动作，而对肢体活动的控制都是靠关节的连接和肢体的互动完成的。那么如果机器人想模仿人类的活动，也需要有相应的关节，于是就有了舵机的出现，机器人的舵机就是它的关节，通过控制舵机就能让机器人完成各种动作。通过关节舵机的配合，机器人不仅可以实现基本肢体运动，甚至能跟着音乐跳舞。那么机器人是如何做出这些动作的呢？

　　本项目将从机器人运动控制基本原理及简单的动作编程向大家介绍如何控制机器人进行运动和跳舞（见图4-1）。

图4-1　服务机器人跳舞表演

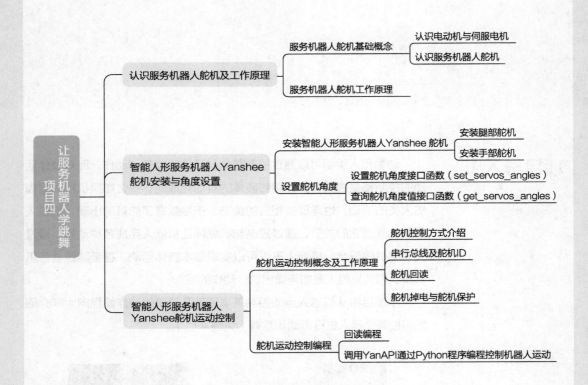

让服务机器人学跳舞
项目四

认识服务机器人舵机及工作原理
- 服务机器人舵机基础概念
  - 认识电动机与伺服电机
  - 认识服务机器人舵机
- 服务机器人舵机工作原理

智能人形服务机器人Yanshee舵机安装与角度设置
- 安装智能人形服务机器人Yanshee舵机
  - 安装腿部舵机
  - 安装手部舵机
- 设置舵机角度
  - 设置舵机角度接口函数（set_servos_angles）
  - 查询舵机角度值接口函数（get_servos_angles）

智能人形服务机器人Yanshee舵机运动控制
- 舵机运动控制概念及工作原理
  - 舵机控制方式介绍
  - 串行总线及舵机ID
  - 舵机回读
  - 舵机掉电与舵机保护
- 舵机运动控制编程
  - 回读编程
  - 调用YanAPI通过Python程序编程控制机器人运动

🢒 学习目标

1. 熟悉伺服电机及舵机的基础概念及工作原理；
2. 熟悉控制舵机运动的基础概念及工作原理；
3. 熟悉舵机的安装步骤；
4. 能够基于服务机器人本体实现单个和多个舵机转动控制；
5. 能使用回读编程控制服务机器人运动和跳舞。

🢒 项目任务

1. 控制服务机器人单个舵机转动；
2. 控制服务机器人多个舵机转动；
3. 让服务机器人跳太空舞。

🢒 相关知识

4.1 认识服务机器人舵机及工作原理

4.1.1 服务机器人舵机基础概念

1. 认识电动机与伺服电机

电动机又称为马达，是一种通电之后持续转动的装置。它可以将电能转化成机械能，驱动其他机器运动。把控制系统集成在电动机内部，这种电机就是伺服电机。伺服电机一般由电动机、控制电路板、减速器、传感器四个部分基本构成，如图 4-2 所示。伺服电机的控制模式包括位置控制、速度控制和转矩控制。

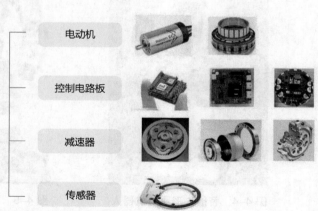

图 4-2 伺服电机基本构成图

2. 认识服务机器人舵机

舵机是伺服电机的一种，舵机最初用于航模和船模中控制舵面，和普通的伺服电机相比，舵机的控制精度较低。不过由于成本低、体积小等优势，现在很多小型机器人都使用舵机进行控制。舵机结构如图 4-3 所示，一般由直流电机、减速齿轮组、电位器（角度传感器）和控制电路等组成，是一套自动（闭环）控制装置。

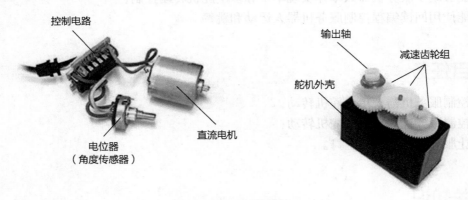

图 4-3　舵机结构

按照舵机转动角度的不同，舵机可以分为 180° 舵机和 360° 舵机两种。180° 舵机里面有限位结构，只能在 0°~180° 范围内转动，360° 舵机则可以像普通电机一样连续转动。智能人形服务机器人 Yanshee 的舵机是 180° 舵机，每个关节有最大 180° 的运动范围。当给舵机发出指令时，舵机会转到 0°~180° 中指定的角度。

智能人形服务机器人 Yanshee 有 17 个舵机。舵机位置及分布如图 4-4、图 4-5、图 4-6 所示。

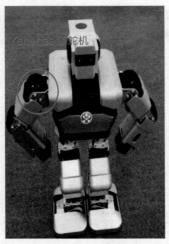

图 4-4　智能人形服务机器人
Yanshee 舵机图

图 4-5　智能人形服务机器人
Yanshee 舵机分布位置图

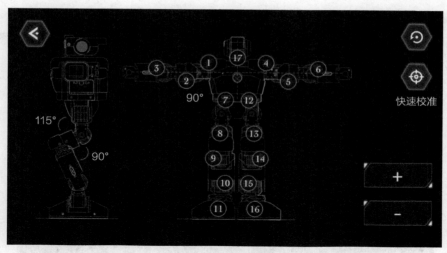

图 4-6 Yanshee APP 中的舵机分布图

4.1.2 服务机器人舵机工作原理

舵机可以通过控制电流的通断、强度和方向来控制电动机转动力矩的大小和方向，通过传感器读取电动机的工作状态，并且用电路不断改变电动机的电流值，让电动机按照需要的方式运动。

舵机的工作流程如图 4-7 所示。控制电路接收来自信号线的控制信号，驱动电动机运转；电动机带动一系列齿轮组，减速后将动力传送至舵机舵盘；与舵机输出轴相连接的比例电位器在舵盘转动的同时，将输出一个电压信号反馈到控制电路，控制电路根据当前所在位置决定电机转动的方向和速度。

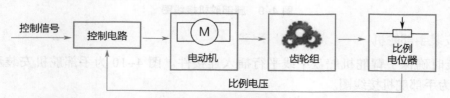

图 4-7 舵机的工作流程

4.2 智能人形服务机器人 Yanshee 舵机安装与角度设置

4.2.1 安装智能人形服务机器人 Yanshee 舵机

智能人形服务机器人 Yanshee 的舵机主要在它的手和腿上，共有 17 个舵机。要实现让机器人运动和跳舞，先要熟悉它的手和腿的舵机位置，完成对服务机器人舵机的安装。具体安装舵机的过程，可以参考 Yanshee APP 中安装指南完成。下面是机器人腿部舵机和手部舵机的安装操作流程。

1. 安装腿部舵机

安装时注意舵盘中线 L0 平行插入连接件。图 4-8 为腿部舵机安装示意图，图 4-9 为腿部舵机接线图。

图 4-8　腿部舵机安装示意图

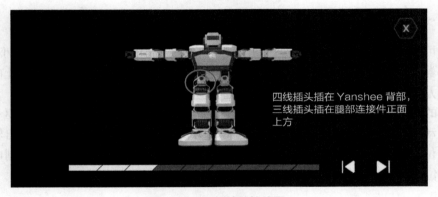

图 4-9　腿部舵机接线图

2. 安装手部舵机

安装时确保手臂舵机舵盘中线平行插入连接件。图 4-10 为手部舵机安装示意图，图 4-11 为手部舵机接线图。

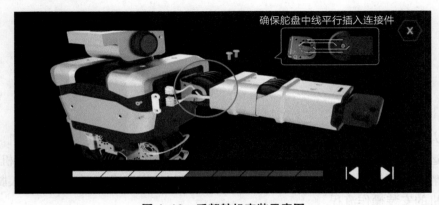

图 4-10　手部舵机安装示意图

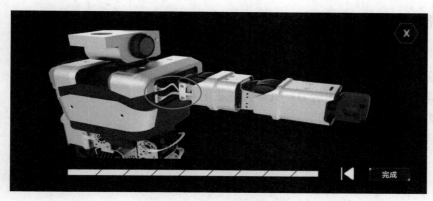

图 4-11　手部舵机接线图

4.2.2　设置舵机角度

YanAPI 中用于设置舵机角度的接口函数主要有 set_servos_angles 和 get_servos_angles 两种。

1. set_servos_angles

函数功能：设置舵机角度值，一次可以设置一个或者多个舵机角度值。

语法格式：

```
set_servos_angles(angles: Dict[str, int], runtime: int = 200)
```

参数说明：

① angles (map) —— {servoName:angle}；

② servoName（str）——机器人舵机名称；

③ angle（int）——舵机角度值；

④ runtime（int）——运行时间，单位：毫秒（ms），取值范围：200~4000。

其他详细参数见本书附表 A：机器人舵机名称与舵机角度值。

返回类型：dict。

设置舵机角度的基础程序如图 4-12 所示。

```
1  #!/usr/bin/env
2  # coding=utf-8
3
4  import YanAPI as api
5
6  api.set_servos_angles({'NeckLR':60},200)
```

图 4-12　设置舵机角度的基础程序

2. get_servos_angles

函数功能：查询舵机的角度值，一次可以查询一个或者多个舵机角度值。

语法格式：

```
get_servos_angles(names: List[str])
```

参数说明：names list[string] —— 机器人舵机名称列表。

其他详细参数见本书附表 B：机器人舵机名称说明列表。

返回类型：dict。

执行查询舵机角度的基础程序，如图 4-13 所示。

```
1   #!/usr/bin/env
2   # coding=utf-8
3
4   import YanAPI as api
5
6   list = ['RightShoulderRoll','RightShoulderFlex',
7           'RightElbowFlex','LeftShoulderRoll',
8           'LeftShoulderFlex','LeftElbowFlex',
9           'RightHipLR','RightHipFB',
10          'RightKneeFlex','RightAnkleFB',
11          'RightAnkleUD','LeftHipLR',
12          'LeftHipFB','LeftKneeFlex',
13          'LeftAnkleFB','LeftAnkleUD','NeckLR']
14  for l in list:
15      value = api.get_servos_angles(l)['data']
16      print(value)
```

图 4-13　查询舵机角度的基础程序

执行查询舵机角度的结果如图 4-14 所示。

```
pi@raspberrypi:~/Desktop $ python3 cs.py
{'RightShoulderRoll': 90}
{'RightShoulderFlex': 140}
{'RightElbowFlex': 165}
{'LeftShoulderRoll': 90}
{'LeftShoulderFlex': 40}
{'LeftElbowFlex': 15}
{'RightHipLR': 90}
{'RightHipFB': 60}
{'RightKneeFlex': 76}
{'RightAnkleFB': 110}
{'RightAnkleUD': 90}
{'LeftHipLR': 90}
{'LeftHipFB': 120}
{'LeftKneeFlex': 104}
{'LeftAnkleFB': 71}
{'LeftAnkleUD': 91}
{'NeckLR': 90}
```

图 4-14　查询舵机角度的结果

4.3　智能人形服务机器人 Yanshee 舵机运动控制

4.3.1　舵机运动控制概念及工作原理

1. 舵机控制方式介绍

舵机可以分为模拟舵机和数字舵机两种。这两种舵机主要区别是控制方式的不同。数字舵机可以看作是在模拟舵机基础上添加了处理器。模拟舵机是通过 PWM 信号进行控制的。在实际使用中，舵机通过检测高电平的长度确定输出的位置。脉冲宽度与输出位置关系如图 4–15 所示。

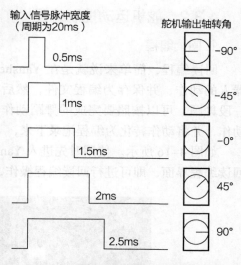

输入信号脉冲宽度
（周期为20ms）

舵机输出轴转角

0.5ms — -90°

1ms — -45°

1.5ms — -0°

2ms — 45°

2.5ms — 90°

图 4–15　脉冲宽度与输出位置关系图

2. 串行总线及舵机 ID

一般来说，舵机在运行时从控制端接收控制信号。如果每个舵机都单独拉一根线，不但控制比较复杂，而且对布线的限制也很大。解决这个问题的办法是采用串行总线，即把所有舵机接到一根总线上。与 PWM 控制不同，总线上传输的是编码过的二进制消息。舵机接收到消息后，按照协议解析，判断消息的目的地（舵机 ID）。当消息目的地的 ID 与自己一致时，就依照消息内容，做出相应的反应。这样一根总线就能控制多个舵机。不仅如此，采用总线的控制方式，舵机也可以传输信号给控制端，这意味着控制端可以读取舵机的各种信息，舵机出现故障时也能及时上报，进行相应的处理。

3. 舵机回读

总线的结构使舵机向控制端回传数据成为可能，智能人形服务机器人 Yanshee 的舵机就有这样的功能。当控制端发送特定指令给舵机时，舵机可以从内部的传感器读取当前的位置，并组装一条包含位置信息的消息传回控制端，控制端可以将这个位置信息记录下来供以后使用，这个过程叫作回读。

如智能人形服务机器人 Yanshee，它的一个姿态可以由所有舵机的角度共同表示。因此，记录了一组全部舵机的角度，就相当于记录了机器人的姿态。用户可以随时向机器人发送指令，让舵机转到记录的角度，重现这个姿态。如果用户保存多个机器人的姿态，按照一定时间间隔执行起来，这就形成了一个机器人的连续动作。构成这个动作的逐个姿态，就像电影胶片的每一帧一样，因此，用户把这些记录了一组舵机角度和执行时间的数据称作动作帧。一系列连续的动作帧构成一个连贯的机器人的动作。

4. 舵机掉电与舵机保护

当驱动电路不给舵机发送 PWM 信号时，舵机就会失去动力，表现出舵机"变软"的状态，可以很容易用手掰动舵机转动，此时舵机处于掉电状态。当舵机"变硬"，难以掰动时称作上电状态。

舵机保护，是指当电动机工作时，如果电流很大，产生热量超过了散热的能力，可能烧坏舵机电路或结构。因此，数字舵机有一系列传感器监测舵机的工作状态，一旦发现舵机有过热风险就会停止工作，防止舵机被损坏。服务机器人（Yanshee）的舵机在自我保护状态下，舵机上的 LED 会持续闪烁提醒用户，此时需要重启机器人，让舵机恢复正常工作状态。

4.3.2　舵机运动控制编程

1. 回读编程

回读编程，简单来说就是在 Yanshee APP 里，可以手动设置机器人的姿态，编辑机器人的动作，并保存为编程文件，然后机器人按照文件执行动作。例如，要让机器人跳一段舞蹈，可以按照要完成的舞蹈动作步骤进行逐一设置，设置完成后机器人会记录下动作，并将动作转化为编程记录下来，下次可以直接调用这段舞蹈使用。

如图 4-16 所示。使用时先进入 Yanshee APP，在 Home 界面单击【回读编程】，进入回读编程界面，即可进行回读编程操作，具体步骤如下。

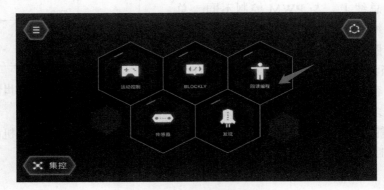

图 4-16　回读编程界面图

（1）在机器人联网状态下，单击图 4-17 中绿色的加号，就会弹出机器人选择肢体界面，如图 4-18 所示。

图 4-17　机器人回读编程界面图

（2）在图 4-18 所示的肢体界面，单击机器人的肢体，就可以对机器人进行动作设置。设置时，有"M"和"A"两个模式。"M"表示对机器人动作做单次记录；"A"表示对机器人多个肢体做多个动作的连续设置。设置的原理为：当选中某肢体后，该部分肢体对应的舵机会断电，可以用手掰动肢体进行动作设置。再次单击已经断电的肢体，将会使机器人在原来位置上电。当将机器人掰到一个合适的位置时，可以单击手动回读按钮，记录这个姿态。通过这种操作，用户可以记录多个。单击【预览】按钮，机器人将从头开始执行，把这些姿态串起来，组成一个连贯的动作。

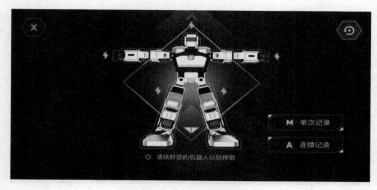

图 4-18 肢体界面图

（3）动作设置好以后，动作的速度在执行时比较缓慢。这时候需要用到编辑功能进行调节。单击【编辑】按钮进入编辑模式，如图 4-19 所示。单击一个动作帧选中它，屏幕下方工具栏的按钮将会亮起。在工具栏里选择运行时长和间隔时长，可以调整动作帧执行的时间长短。调整这些数据，可以控制动作的速度和节奏。

图 4-19 编辑界面图

（4）设置好的动作可以单击【保存】按钮将动作保存到手机中，如图 4-20 所示。

图 4-20 动作保存设置

（5）在"我的动作"里可以找到所保存的文件，如图 4-21 所示。在动作列表中，能看到保存的所有动作，可以打开以前的动作进行编辑。

图 4-21　机器人动作保存路径

（6）单击列表中的分享按钮，能将动作文件进行分享或发送到机器人 Yanshee 上，让机器人执行该动作文件的动作，如图 4-22 所示。

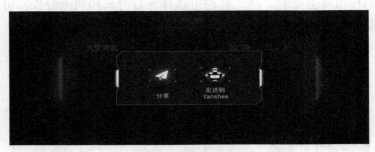

图 4-22　分享界面图

2. 调用 YanAPI 通过 Python 程序编程控制机器人运动

除了通过回读编程让机器人完成运动控制，也可通过 Python 程序编程来控制机器人完成肢体动作或进行跳舞。

这里介绍通过调用 YanAPI 已编好的程序，让机器人完成伸开双臂和弯曲双臂的动作，如图 4-23 所示。

```
#!/usr/bin/env
#coding=utf-8

import YanAPI as api
import time

d1 = "RightShoulderRoll"
d2 = "RightShoulderFlex"
d3 = "RightElbowFlex"
d4 = "LeftShoulderRoll"
d5 = "LeftShoulderFlex"
d6 = "LeftElbowFlex"
api.set_servos_angles({d1:90, d2:90, d3:90, d4:90,d5:90,d6:90},500)
time.sleep(2)
api.set_servos_angles({d1:90, d2:180, d3:90, d4:90,d5:0,d6:90},500)
time.sleep(2)
api.sync_play_motion("reset")
```

图 4-23　Python 程序编程图

运行程序实现机器人肢体动作。智能人形服务机器人 Yanshee 肢体动作如图 4-24、图 4-25 所示。

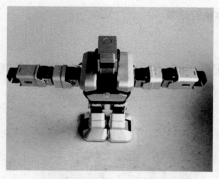

图 4-24 智能人形服务机器人
Yanshee 肢体动作图（1）

图 4-25 智能人形服务机器人
Yanshee 肢体动作图（2）

任务实施

所需设施／设备：2.4G 无线网络、智能人形机器人、无线键鼠（无线键盘、无线鼠标）、配套传感器、HDMI 线、计算机（已安装树莓派 Raspbian 系统、Linux 系统、Python 环境）、手机（已安装 Yanshee APP）。

任务 4.1 控制服务机器人单个舵机转动

控制服务机器人单个舵机转动，即让服务机器人头部转到指定的 60° 位置，之后再回到初始 90° 的位置，实现头部舵机的一次转动。具体操作步骤如下。

1. 调用单个舵机转动程序

通过 YanAPI 调用程序，让机器人执行头部舵机的转动动作并读取头部舵机转动后的角度数据。具体程序如图 4-26 所示。

```
1   #!/usr/bin/env
2   #coding=utf-8
3
4   import YanAPI as api
5   import time
6
7   print(api.get_servo_angle_value('NeckLR'))
8   api.set_servos_angles({'NeckLR':60},200)
9   time.sleep(1)
10  print(api.get_servo_angle_value('NeckLR'))
11  api.set_servos_angles({'NeckLR':90},200)
```

图 4-26 任务程序

执行结果，如图 4-27 所示。

```
pi@raspberrypi:~/Desktop $ python3 head.py
value: 90
value: 60
```

图 4-27 程序执行结果

2. 执行任务程序，实现头部转动一次

执行调用的程序，让机器人头部转到指定的 60° 位置，之后再回到初始 90° 的位置，具体实现结果如图 4-28、图 4-29 所示。

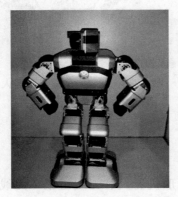

图 4-28 机器人头部转 60° 图　　　图 4-29 机器人头部回到初始 90° 图

任务 4.2　控制服务机器人多个舵机转动

控制机器人多个舵机转动，即实现以下现象：机器人左手转到 45° 位置，右手转手 60° 位置，实现手部舵机的转动控制。具体操作步骤如下。

1. 调用手部舵机转动程序

编写机器人左手转到 45° 位置、右手转到 60° 位置的程序。如图 4-30 所示，执行双手肩部舵机的转动动作并读取肩部舵机转动后的角度数据，编程执行结果如图 4-31 所示。

```
1  #!/usr/bin/env
2  #coding=utf-8
3
4  import YanAPI as api
5  import time
6
7  api.set_servos_angles({'LeftShoulderRoll':45,'RightShoulderRoll':60},200)
8  time.sleep(1)
9  print('value:',api.get_servos_angles(['LeftShoulderRoll','RightShoulderRoll'])['data'])
```

图 4-30 机器人手部舵机转动程序

```
pi@raspberrypi:~/Desktop $ python3 head.py
value: {'LeftShoulderRoll': 45, 'RightShoulderRoll': 60}
```

图 4-31 程序执行结果

2. 执行任务程序，实现头部舵机的多次转动控制

调试任务程序，使智能人形服务机器人 Yanshee
实现左手转到 45° 位置，右手转到 60° 位置的任务，
程序执行后，机器人的状态如图 4-32 所示。

任务 4.3　让服务机器人跳太空舞

1. 在"回读编程"中设置太空舞动作

在机器人仿真软件 Yanshee APP 中进行太空舞动
作设置，设置时先连接网络，然后进入"回读编程"
界面开始添加太空舞动作。具体步骤如下。

（1）设置机器人双臂弯曲。

图 4-32　机器人双手转到相应位置图

进入"回读编程"后，左上角显示"1"，单击
它，当变成橙色时（见图 4-33），单击界面下方绿色加号（需要先联网），会弹出机器
人。选择机器人双臂，当双臂颜色变为橙色时，双臂已经掉电，直接用手将机器人双臂
往下弯曲姿态，如图 4-34 所示。然后单击右下方【单次记录】，机器人就会记录下动作
姿态，具体如图 4-35 所示。

图 4-33　第 1 步回读编程动作设置

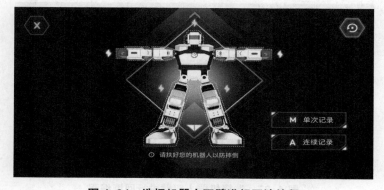

图 4-34　选择机器人双臂进行回读编程

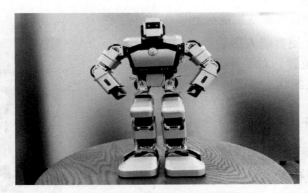

图 4-35   第 1 步机器人动作舞蹈姿态

（2）设置机器人展开双臂动作。

先单击左上角的"2"，变成橙色以后（见图 4-36），单击界面下方绿色加号（需要先联网），会弹出机器人界面（见图 4-37），选择机器人双臂，当双臂颜色变为橙色时，双臂已经掉电，用手将机器人双臂设置为平铺展开姿态，如图 4-38 所示。然后单击右下方【单次记录】，记录下机器人的动作姿态。

图 4-36   第 2 步回读编程动作设置

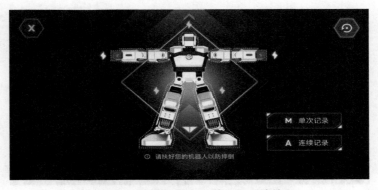

图 4-37   选择机器人双臂进行回读编程

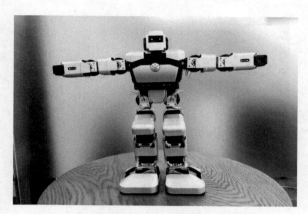

图 4-38　第 2 步机器人动作舞蹈姿态

（3）设置机器人左手为"V"形，右手为倒"V"形。

单击绿色加号进入第 3 步设置（见图 4-39），选择机器人双臂（见图 4-40），设置左手为"V"形，右手为倒"V"形，如图 4-41 所示。然后单击右下方【单次记录】，记录下机器人的动作姿态。

图 4-39　第 3 步回读编程动作设置

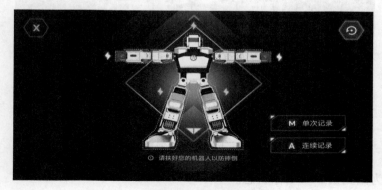

图 4-40　选择机器人双臂进行回读编程

图 4-41　第 3 步机器人动作舞蹈姿态

（4）设置机器人左手弯曲为倒"V"形，右手弯曲为"V"形，双脚侧方踮起姿态。

单击绿色加号进入第 4 步设置（见图 4-42），选择机器人双臂和双腿（见图 4-43），设置左手弯曲为倒"V"形，右手为"V"形，双脚侧方踮起，如图 4-44 所示。然后单击右下方【单次记录】，记录下机器人的动作姿态。

图 4-42　第 4 步回读编程动作设置

图 4-43　选择机器人双臂和双腿进行回读编程

（5）设置为回到第 3 步动作状态。

具体设置时注意选中双手和双腿，然后参照第 3 步的动作完成设置，如图 4-45~图 4-47 所示。

图 4-44　第 4 步机器人动作舞蹈姿态

图 4-45　第 5 步回读编程动作设置

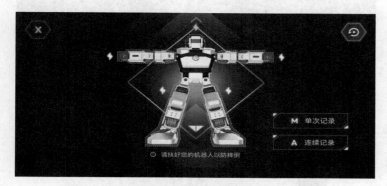

图 4-46　选择机器人双臂和双腿进行回读编程

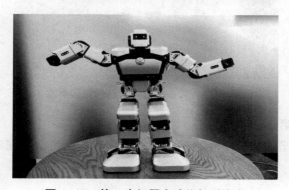

图 4-47　第 5 步机器人动作舞蹈姿态

（6）设置为回到第 4 步动作状态。

具体设置时注意选中双手和双腿，然后参照第 4 步的动作完成设置，如图 4-48~图 4-50 所示。

图 4-48　第 6 步回读编程动作设置

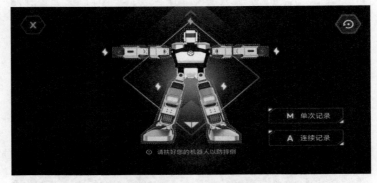

图 4-49　选择机器人双臂和双腿进行回读编程

图 4-50　第 6 步机器人动作舞蹈姿态

（7）设置为回到第 2 步动作状态。

具体设置时注意选中双手和双腿，然后参照第 2 步的动作完成设置，如图 4-51~图 4-53 所示。

图 4-51 第 7 步回读编程动作设置

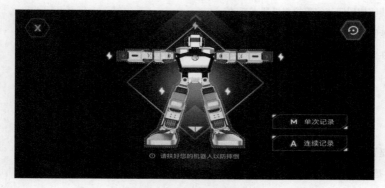

图 4-52 选择机器人双臂双腿进行回读编程

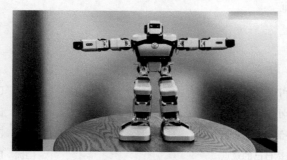

图 4-53 第 7 步机器人动作舞蹈姿态

2. 保存并执行回读编程，让机器人跳太空舞

设置好以上的程序后，将舞蹈文件进行保存，具体操作在【回读编程】相关知识部分已经介绍。然后，连接网络执行程序文件，机器人开始跳太空舞。

任务评价

完成本项目中的学习任务后，请对学习过程和结果的质量进行评价和总结，并填写评价反馈表（见表4-1）。自我评价由学习者本人填写，小组评价由组长填写，教师评价由任课教师填写。

表4-1　评价反馈表

班级		姓名	学号	日期	
自我评价	1. 能说出伺服电机及舵机的基础概念与工作原理			□是　□否	
	2. 能够说出机器人控制舵机运动的基本原理			□是　□否	
	3. 能够正确安装机器人 Yanshee 腿部和手部舵机			□是　□否	
	4. 能够调用 YanAPI 实现程序控制单个舵机转动			□是　□否	
	5. 能够调用 YanAPI 实现程序控制多个舵机转动			□是　□否	
	6. 能够使用回读编程控制机器人运动			□是　□否	
	7. 能够使用回读编程控制机器人跳舞			□是　□否	
	8. 在完成任务的过程中遇到了哪些问题？是如何解决的？				
	9. 是否能独立完成工作页/任务书的填写			□是　□否	
	10. 是否能按时上、下课，着装规范			□是　□否	
	11. 学习效果自评等级			□优　□良　□中　□差	
	12. 总结与反思				
小组评价	1. 在小组讨论中能积极发言			□优　□良　□中　□差	
	2. 能积极配合小组完成工作任务			□优　□良　□中　□差	
	3. 在查找资料信息中的表现			□优　□良　□中　□差	
	4. 能够清晰表达自己的观点			□优　□良　□中　□差	
	5. 安全意识与规范意识			□优　□良　□中　□差	
	6. 遵守课堂纪律			□优　□良　□中　□差	
	7. 积极参与汇报展示			□优　□良　□中　□差	
教师评价	综合评价等级： 评语： 　　　　　　　　　　教师签名：　　　日期：				

项目习题

一、选择题

1. 通过控制（　　）可以控制电动机转矩的大小。
   A. 电压大小　　　　　　　　　　　　　B. 电流大小
   C. 电阻大小　　　　　　　　　　　　　D. 电流方向

2. （　　）不是伺服电机的四个基本构成部件。
   A. 外壳　　　　　　　　　　　　　　　B. 电机
   C. 控制板　　　　　　　　　　　　　　D. 传感器

3. （　　）YanAPI 可以设置舵机角度。
   A. set_servos_angles　　　　　　　　　B. set_servos_mode
   C. get_servos_angles　　　　　　　　　D. get_sensors_gyro

4. 伺服电机的控制模式包括（　　）。（多选题）
   A. 位置控制　　　　　　　　　　　　　B. 速度控制
   C. 转矩控制　　　　　　　　　　　　　D. 开关控制

5. 和普通伺服电机相比，（　　）不属于舵机的优势。（多选题）
   A. 控制精度高　　　　　　　　　　　　B. 成本低
   C. 体积小　　　　　　　　　　　　　　D. 可承受扭力大

6. （　　）舵机是通过不断从控制端接收 PWM 信号进行控制的？
   A. 伺服舵机　　　　　　　　　　　　　B. 360° 舵机
   C. 模拟舵机　　　　　　　　　　　　　D. 数字舵机

7. 串行总线的好处不包括（　　）。
   A. 提高舵机精度　　　　　　　　　　　B. 舵机布线简易
   C. 总线控制多个舵机　　　　　　　　　D. 控制舵机简单

8. Yanshee 机器人要进行回读编程，先要做什么（　　）。
   A. 舵机上电　　　　　　　　　　　　　B. 舵机掉电
   C. 舵机检测　　　　　　　　　　　　　D. 舵机瓣动

9. 智能人形服务机器人 Yanshee YanAPI 中的 set_servos_angles 可以设置哪些参数
   （　　）。（多选题）
   A. 机器人舵机名称　　　　　　　　　　B. 舵机角度
   C. 运行时间　　　　　　　　　　　　　D. 运行速度

10. 以下选项中，（　　）是智能人形服务机器人 Yanshee 回读编程的操作步骤。（多
    选题）
    A. 分享回读编程文件　　　　　　　　　B. 进入肢体界面
    C. 机器人掉电　　　　　　　　　　　　D. 记录机器人姿态

二、判断题

1. 电机是一种通电后持续转动的装置，它可以将电能转化为机械能。（　　）

2. 可以通过控制电流的强度和方向来控制电动机转矩的大小和方向。（　　）

3. 舵机的控制精度比普通的伺服电机高。（　　）

4. 所有舵机都可以 360° 连续转动。（　　）

5. 智能人形服务机器人 Yanshee 中可通过 Python 程序调用 YanAPI 中的 "get_servos_angles" 查询机器人舵机角度。（　　）

6. PWM 是脉冲宽度调制的缩写，指的是一种宽度可变的脉冲波形。（　　）

7. 占空比指在一个脉冲周期内，通电时间占总时间的比例。（　　）

8. 数字舵机需要不断地接收脉冲信号，最后转到目的位置。（　　）

9. 智能人形服务机器人 Yanshee 中舵机掉电操作需要拔掉舵机连接线。（　　）

10. 想要对智能人形服务机器人 Yanshee 舵机进行掰动，必须先使机器人舵机进入掉电状态。（　　）

05

项目五
让服务机器人感知世界

【项目导入】

当你走过装有声控灯的走廊时，随着脚步声响起可以看到灯逐个亮起，这究竟是怎么实现的呢？这就是传感器，一种能感受到被测量信息的检测装置，并能将感受到的信息按一定规律变换成为电信号或其他所需形式的信息输出，以满足信息的传输、处理、存储、显示、记录和控制等要求，也是让机器人更像一个人的关键部件。传感器相当于机器人的触觉、听觉、视觉甚至嗅觉、味觉等，通过多种传感器能够让机器人实现与外部环境的交互。传感器在服务机器人中的应用如图 5-1 所示。

本项目将带领大家一起学习机器人常用传感器以及基本概念、工作原理以及应用方法，探索传感器的奥秘。

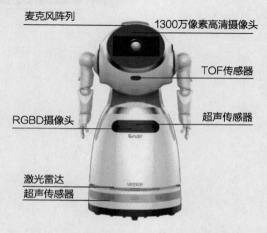

图 5-1　传感器在服务机器人中的应用

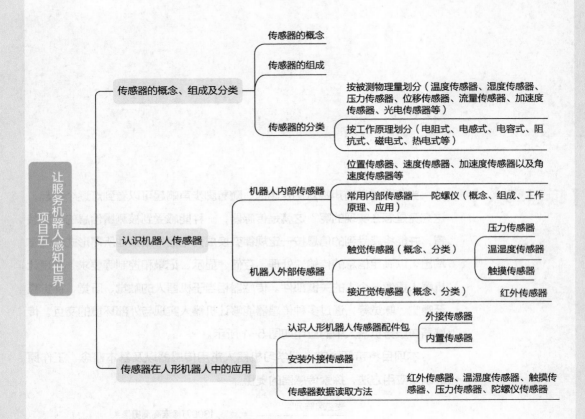

让服务机器人感知世界 项目五

- 传感器的概念、组成及分类
  - 传感器的概念
  - 传感器的组成
  - 传感器的分类
    - 按被测物理量划分（温度传感器、湿度传感器、压力传感器、位移传感器、流量传感器、加速度传感器、光电传感器等）
    - 按工作原理划分（电阻式、电感式、电容式、阻抗式、磁电式、热电式等）

- 认识机器人传感器
  - 机器人内部传感器
    - 位置传感器、速度传感器、加速度传感器以及角速度传感器等
    - 常用内部传感器——陀螺仪（概念、组成、工作原理、应用）
  - 机器人外部传感器
    - 触觉传感器（概念、分类）
      - 压力传感器
      - 温湿度传感器
      - 触摸传感器
    - 接近觉传感器（概念、分类）
      - 红外传感器

- 传感器在人形机器人中的应用
  - 认识人形机器人传感器配件包
    - 外接传感器
    - 内置传感器
  - 安装外接传感器
  - 传感器数据读取方法
    - 红外传感器、温湿度传感器、触摸传感器、压力传感器、陀螺仪传感器

接口模块 5-3 图示，并通过程序读取温湿度值（如图 5-10 所示并在相应位置 5-10 所示），再经过过电流、再存放存储 CS0, 只需 读取 CS0 片引脚 CS0 输入，其值就是温度值 并与环境 对话，关闭 再结合 S232S232AD 判断 若温度 相应 判断 对比。

学习目标

1. 了解传感器的概念、组成及分类;
2. 了解机器人常用传感器的工作原理及应用;
3. 能根据各传感器特点正确辨认传感器并能正确安装传感器;
4. 能使用不同传感器实现服务机器人不同的场景应用。

项目任务

1. 使用触摸传感器与服务机器人进行触摸交流;
2. 应用陀螺仪传感器使服务机器人自动进行摔倒爬起。

相关知识

5.1　传感器的概念、组成及分类

5.1.1　传感器的概念

传感器是一种检测装置，能将感受到的被测量按一定规律变换成为电信号或其他所需形式的信号输出，以满足信息的传输、处理、存储、显示、记录和控制等要求。生活中常见的传感器应用场景如图 5-2 所示。

a）体重计　　　　　　　b）感应水龙头　　　　　　　c）声控感应亮灯

图 5-2　生活中常见传感器的应用场景

5.1.2　传感器的组成

传感器一般由敏感元件、转换元件和变换电路三部分组成，有时还加上辅助电源，

其组成如图 5-3 所示。敏感元件是直接感受被测量，并输出与被测量成确定关系的某一物理量的元件。转换元件是传感器的核心元件，以敏感元件的输出为输入，把感知的非电量转换为电信号输出。转换元件本身可以作为独立传感器使用，故也叫作元件传感器。变换电路是指把传感元件输出的电信号转换成便于处理、控制、记录和显示的有用电信号所涉及的有关电路。

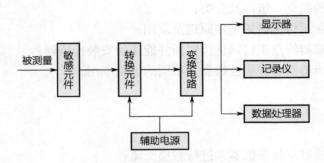

图 5-3　传感器的组成框图

5.1.3　传感器的分类

传感器的分类方法有很多，一般按被测输入量和工作原理来划分。

1. 按被测物理量划分

这种分类方法是根据被测量的性质进行分类，如被测量分别为温度、湿度、压力、位移、流量、加速度、光，则对应的传感器分别为温度传感器、湿度传感器、压力传感器、位移传感器、流量传感器、加速度传感器、光电传感器。常见的其他被测量还有力矩、质量、浓度、颜色等，其相应的传感器，一般以被测量命名。这种分类方法的优点是能比较明确地表达传感器的用途，为使用者提供了方便，可方便地根据测量对象选择所需要的传感器；其缺点是没有区分每种传感器在转换机理上有何共性和差异，不便于使用者掌握其基本原理及分析方法。

2. 按工作原理划分

这种分类方法是根据传感器工作原理划分，将物理、化学、生物等学科的原理、规律和效应作为分类的依据，可将传感器分为电阻式、电感式、电容式、阻抗式、磁电式、热电式、压电式、光电式、超声式、微波式等类别。这种分类方法有利于传感器的使用者和专业工作者从原理和设计上做深入分析研究。

5.2　认识机器人传感器

机器人传感器是一种能把机器人目标特性（或参量）转换为电量的输出装置，机器人通过传感器可实现类人感知功能。根据传感器在机器人本体的位置不同，一般将机器人传感器分为内部传感器和外部传感器两大类。

5.2.1　机器人内部传感器

内部传感器一般用于测量机器人的内部参数，其主要作用是对于机器人的运动学和力学的相关参数进行测量，让机器人按设置的位置、速度和轨迹进行工作。内部传感器包括位置传感器、速度传感器、加速度传感器以及角速度传感器等，常用于服务机器人的内部传感器见表 5–1。

表 5–1　常用于服务机器人的内部传感器

序号	内部传感器名称	功能	涉及的机器人参数
1	电位器	得到电动机的转动位置	位置
2	编码器	将位置与角度转换为数字	位置、角度
3	GPS 模块	全球定位	获取机器人的位置
4	陀螺仪传感器	速度、加速度	角速度、角加速度

这里重点介绍陀螺仪传感器在服务机器人中的应用。

陀螺仪是一种用来感测与维持方向的装置，它是基于角动量守恒的理论设计出来的，其测量物理量是偏转、倾斜时的转动角速度。陀螺仪外形如图 5–4 所示。在一些对角度要求不高的场合，要得到角度，只用加速度计就可以了，比如做一个自平衡小车。可是要得到一个更加精确的角度，就需要用到陀螺仪了，比如四旋翼飞行器。

图 5–4　陀螺仪外形

陀螺仪的基本部件包括：陀螺转子、转轴、框架等，将绳子缠绕在陀螺仪转轴上，用力一拉，它便能快速旋转起来，而且能旋转很久。

陀螺仪应用广泛，常见的应用如下所述。

（1）动作感应的 GUI：通过小幅度的倾斜、偏转手机，实现菜单、目录的选择和操作的执行（比如前后倾斜手机，实现通讯录条目的上下滚动；左右倾斜手机，实现浏览页面的左右移动或者页面的放大或缩小）。

（2）计算行走步数：手环、手机或者智能手表的计算每天行走的步数。

（3）拍照时的图像稳定，防止手的抖动对拍照质量的影响。在按下快门时，记录手的抖动动作，将手的抖动反馈给图像处理器，可以抓到更清晰稳定的图片。

（4）GPS 的惯性导航：当汽车行驶到隧道或城市高大建筑物附近，没有 GPS 信号时，可以通过陀螺仪测量汽车的偏航或直线运动位移，从而继续导航。

（5）通过动作感应控制游戏：开发者可以根据陀螺仪对动作检测的结果（3D 范围内手机的动作）实现对游戏的操作。比如，把你的手机当作一个方向盘，你的手机屏幕上是一架飞行中的战斗机，只要你上下、左右地倾斜手机，飞机就可以做上下、左右的动作。它们都是需要通过陀螺仪感知的，为了使测量更加准确，可能同时还使用加速度计对数据进行融合。

随着微机电系统的兴起和微机械加工技术的提高，MEMS 陀螺仪日益引起人们的关注。MEMS 陀螺仪是一种特殊的振动加速度计，专门测量哥氏加速度，MEMS 陀螺仪基本原理如图 5- 5 所示。

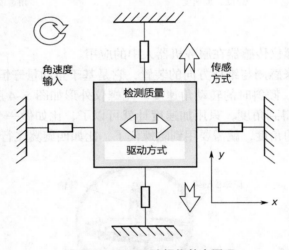

图 5-5　MEMS 陀螺仪基本原理

一个最基本的振动陀螺仪包括一个处于悬浮状态的检测质量块，可以在两个正交方向上移动。这个质量块必须运动才能产生哥氏加速度。这样，质量块就会在一个平行于表面方向（图 5-5 所示的左右方向）上振动。如果陀螺仪绕垂直于表面方向的轴转动，那么哥氏加速度会导致质量块沿另一个方向（图 5-5 所示中的上下方向）偏转。其中振动的振幅与旋转的角速度成正比，所以几乎和加速度计一样的电容传感器就得到了一个和角速度成比例的电压值。由于 MEMS 加工技术难以加工出高速转子这样复杂的结构，所以都采用了 MEMS 加工技术能加工出来的振子结构。

智能人形服务机器人 Yanshee 的陀螺仪型号为 MPU9250，它集成了 3 轴 MEMS 陀螺仪、3 轴 MEMS 加速度计和 3 轴 MEMS 磁力计。陀螺仪是一种运动姿态传感器，固定安装在机器人上，可以测量机器人运动过程中旋转的角度。陀螺仪 MPU9250 在该人形服务机器人的位置如图 5-6 所示，MPU9250 的坐标系如图 5-7 所示。

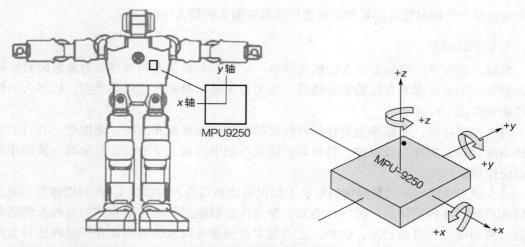

图 5-6 陀螺仪 MPU9250 在人形服务机器人的位置　　图 5-7 陀螺仪 MPU9250 的坐标系

　　在人形服务机器人的应用中，陀螺仪可以放置在需要获取姿态信息的地方，例如放置在机器人上半身内，则可获取上半身的姿态数据用于动态调节机器人的重心以防止摔倒。

5.2.2　机器人外部传感器

　　机器人的外部传感器相当于人的感觉器官，通常用于测量机器人所处的外部环境参数，实现机器人与外界环境交互。例如，接近觉传感器能感受外界物体，可将其正对面物体的距离反馈给机器人。常用于服务机器人的外部传感器见表 5-2。

表 5-2　常用于服务机器人的外部传感器

序号	外部传感器		功能及应用场景
	类型	名称	
1	触觉	接触觉传感器	按钮、微动开关、电容触摸式传感器
2		压力传感器	电阻式、电容式、电感式
3		滑觉传感器	无方向性、单方向性和全方向性
4		拉伸觉传感器	测量手指拉伸、弯曲
5		温湿度传感器	测量温度及湿度
6	接近觉	接近觉传感器	红外传感器、超声波传感器、光敏电阻传感器、编码器、激光测距传感器
7	嗅觉	仿生嗅觉传感器	烟雾传感器、酒精传感器
8	听觉	麦克风	电容式麦克风、动圈式麦克风及铝带式麦克风
9		麦克风阵列	麦克风阵列
10	视觉	普通图像传感器	CCD、CMOS
11		智能图像传感器	双目相机、微软 Kinect 体感设备、激光雷达

这里重点介绍触觉传感器和接近觉传感器在服务机器人中的应用。

1. 触觉传感器

机器人的触觉，实际上是人的触觉模仿，它是有关机器人和被接触对象之间直接接触的感觉。触觉传感器有接触觉传感器、压力传感器、滑觉传感器等类型。机器人的触觉功能包含以下内容。

（1）检测功能：对操作物进行物理性质的检测，如表面光洁度、硬度等。其目的是感知危险状态，实施自我保护；另外是灵活地控制手指及关节的操作对象物，使操作具有适应性和顺从性。

（2）识别功能：识别被测物的形状（如识别接触到的表面形状）。人的接触觉是通过四肢和皮肤对外界物体的一种物性感知。触觉传感器能感知被接触物体的特性及传感器接触对象物体后自身的状况，例如，是否握牢被测物体以及被测物体在传感器的什么部位。常使用的接触传感器有机械式（如微动开关）、针式差动变压器、含碳海绵及导电橡胶等几种，当接触力作用时，这些传感器以通断方式输出高、低电平，实现传感器对接触物体的感知。

下面以压力传感器、温湿度传感器以及触摸传感器为例介绍接触觉传感器工作原理。

（1）压力传感器。压力传感器是一种能感受压力信号，并能按照一定的规律将压力信号转换成可用的输出的电信号的器件或装置。压力传感器是使用最为广泛的一种传感器，传统的压力传感器以机械结构型的器件为主，以弹性元件的形变指示压力，但这种结构尺寸大、质量大，不能提供电学输出。随着半导体技术的发展，半导体压力传感器应运而生。常用压力传感器外形如图 5-8 所示。

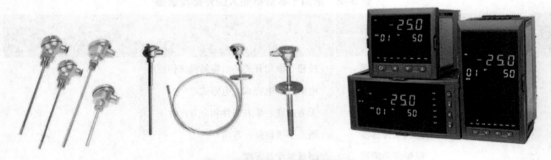

图 5-8　常用压力传感器外形

（2）温湿度传感器。温湿度传感器是一种装有湿敏和热敏元件，能够用来测量温度和湿度的传感器装置，有的带有现场显示，有的不带有现场显示。温湿度传感器由于体积小、性能稳定等特点，被广泛应用在生产生活的各个领域。

温湿度传感器能将机器人外部的温度、湿度实时反映给机器人系统进行判断处理，可以让机器人了解其所在环境的温湿度是否合适，从而避免机器人的机械部件、电子元件部分失灵或者受损。图 5-9 所示是一款内置校准数字输出的温湿度一体化传感器模块，它采用了专用的数字模块采集技术和温湿度传感技术，确保产品具有极高的可靠性和稳定性。

（3）触摸传感器。触摸传感器本质上是电容式传感器，电容式传感器是以各种类型的电容器作为传感元件，将被测物理量或机械量转换成为电容量变化的一种转换装置，实际上就是一个具有可变参数的电容器。图 5-10 所示是一款电容式触摸传感器模块，这类传感器通常具有比较复杂的电子电路。

图 5-9　温湿度一体化传感器模块　　　　图 5-10　电容式触摸传感器模块

电容式触摸传感器模块是一款基于电容感应的触摸开关，由于人体存在电场，当人体直接触碰到传感器上的螺旋状金属丝时，人体手指和螺旋状工作面之间会形成一个耦合电容，从而被感应到。

2. 接近觉传感器

接近觉传感器是机器人用以探测自身与周围物体之间相对位置和距离的传感器，它能感知相距几十毫米至几十米的距离。接近觉传感器的使用对机器人工作过程中适时进行轨迹规划与防止事故发生具有重要意义，主要起到以下作用：

（1）在接触对象物前得到必要的信息，为后面的动作做准备。

（2）发现障碍物时，改变路径或停止，以免发生碰撞。

常用的接近觉传感器有红外传感器、超声波传感器、光敏电阻传感器、编码器、激光测距传感器等类型。下面以红外传感器为例介绍接近觉传感器的工作原理。

红外传感器是指利用红外线的物理性质来进行测量的传感器。红外线又称红外光，它具有反射、折射、散射、干涉、吸收等性质。任何物质，只要它本身具有一定的温度（高于绝对零度），都能辐射红外线。红外传感器测量时不与被测物体直接接触，因而不存在摩擦，并且有灵敏度高、反应快等优点。常用红外传感器外形如图 5-11 所示。

红外测距传感器原理如图 5-12 所示。红外测距传感器利用红外信号遇到障碍物距离的不同反射强度也不同的原理，进行障碍物远近的检测。红外测距传感器具有一对红外信号发射与接收二极管，当发射管发射特定频率的红外信号遇到障碍物时，红外信号反射回来被接收管接收，经过处理之后，通过数字传感器接口返回到中央处理器主机，中央处理器即可利用红外的返回信号来识别周围环境的变化。

图 5-11　常见的红外传感器

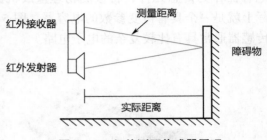

图 5-12　红外测距传感器原理

5.3　传感器在人形机器人中的应用

本书以智能人形服务机器人 Yanshee（以下简称"Yanshee"）为例，介绍常见传感器在人形服务机器人中的应用。

5.3.1　认识人形机器人传感器配件包

机器人 Yanshee 配套的传感器按照安装位置可分为两大类：外接传感器和内置传感器。

1. 外接传感器

机器人 Yanshee 外接传感器主要有：环境传感器（见图 5-13 中标号①）、红外传感器（见图 5-13 中标号②）、压力传感器（见图 5-13 中标号③）、触摸传感器（见图 5-13 中标号④）。

a）侧面图

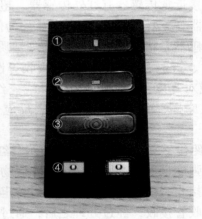

b）正面图

图 5-13　机器人配套传感器包

2. 内置传感器

机器人 Yanshee 内置传感器主要有：陀螺仪传感器和主板温度检测传感器等。

5.3.2　安装外接传感器

机器人 Yanshee 的传感器配件包（包括红外 / 温湿度 / 压力 / 触碰传感器）都是独立于机器人本体存在。想要正确使用外接传感器，需要将其连接到机器人本体上的磁吸式开放接口上，Yanshee 上有 6 个磁吸式 POGO 4PIN 开放接口，支持多种外接传感器拓展。磁吸式开放接口除了位置之外没有功能区别，只需要分清磁石的正、反极，能实现吸附即为安装正确。机器人 Yanshee 的 6 个接口位置如图 5–14 所示。

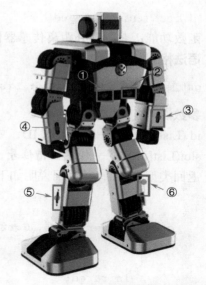

图 5–14　磁吸式开放接口位置示意图

5.3.3　传感器数据读取方法

使用磁吸式开放接口连接外接传感器时，对位置没有特别要求，是因为可以通过调用 YanAPI 的接口来读取外接传感器的数据，跟传感器数据读取有关的 YanAPI 见表 5–3。下面将介绍四个外接传感器（红外传感器、温湿度传感器、触摸传感器和压力传感器）和内置传感器（陀螺仪）数据读取的方法。

表 5–3　跟传感器数据读取有关的 YanAPI

传感器类型	功能	函数名
红外传感器	获取红外距离传感器值	get_sensors_infrared
	获取红外传感器值 – 简化返回值	get_sensors_infrared_value
温湿度传感器	获取温湿度传感器值	get_sensors_environment
	获取温湿度传感器值 – 简化返回值	get_sensors_environment_value
触摸传感器	获取触摸传感器值	get_sensors_touch
	获取触摸传感器值 – 简化返回值	get_sensors_touch_value
压力传感器	获取压力传感器值	get_sensors_pressure
	获取压力传感器值 – 简化返回值	get_sensors_pressure_value
陀螺仪	获取九轴陀螺仪运动传感器值	get_sensors_gyro

1. 红外传感器数据读取方法

YanAPI 中用于读取红外传感器数据的接口函数有 get_sensors_infrared 和 get_sensors_infrared_value。

（1）get_sensors_infrared。

函数功能：获取红外距离传感器值。

语法格式：

```
get_sensors_infrared(id: List[int] = None, slot: List[int] = None)
```

参数说明：

id (List[int]) ——传感器的 ID，可不填；

slot(List[int]) ——传感器槽位号，可不填。

返回类型：dict，其返回说明如下。

```
{
    code:integer 返回码，0表示正常
    data:
        {
            infrared:
                [
                    {
                        id: integer 传感器 ID 值，取值：1~127
                        slot: integer 传感器槽位号，取值：1~6
                        value: integer 距离值，单位：毫米 mm
                    }
                ]
        }
    msg:string 提示信息
}
```

读取红外传感器数据的基础程序如图 5-15 所示；读取红外传感器数据的结果如图 5-16 所示。

```
1  #!/usr/bin/env
2  # coding=utf-8
3
4  import YanAPI
5
6  infrared = YanAPI.get_sensors_infrared()
7
8  id = infrared['data']['infrared'][0]['id']
9  slot = infrared['data']['infrared'][0]['slot']
10 value = infrared['data']['infrared'][0]['value']
11
12 print("Read Sensor id: %d " % id)
13 print("Read Sensor slot: %d " % slot)
14 print("Read Sensor Value: %d mm" % value)
```

图 5-15　读取红外传感器数据的基础程序

```
pi@raspberrypi:~/Desktop $ python3 get_sensors_infrared.py
Read Sensor id: 23
Read Sensor slot: 5
Read Sensor Value: 168 mm
```

图 5-16 读取红外传感器数据的结果

（2）get_sensors_infrared_value。

函数功能：获取红外距离传感器值，简化返回值。

语法格式：

```
get_sensors_infrared_value()
```

返回类型：int。

返回说明：距离值，单位：毫米（mm）。

读取红外传感器数据的基础程序如图 5-17 所示；读取红外传感器数据的结果如图 5-18 所示。

```
1  #!/usr/bin/env
2  # coding=utf-8
3
4  import YanAPI
5
6  while True:
7      infrared = YanAPI.get_sensors_infrared_value()
8      print("Read Sensor Value: %d mm" % infrared)
```

图 5-17 读取红外传感器数据的基础程序

```
pi@raspberrypi:~/Desktop $ python3 get_sensors_infrared_value.py
Read Sensor Value: 557 mm
Read Sensor Value: 574 mm
Read Sensor Value: 574 mm
Read Sensor Value: 611 mm
Read Sensor Value: 567 mm
Read Sensor Value: 593 mm
Read Sensor Value: 593 mm
Read Sensor Value: 578 mm
Read Sensor Value: 595 mm
Read Sensor Value: 596 mm
Read Sensor Value: 596 mm
Read Sensor Value: 598 mm
Read Sensor Value: 587 mm
Read Sensor Value: 587 mm
```

图 5-18 读取红外传感器数据的结果

如图 5-19 所示例程，当人手靠近机器人小于 20cm 时，机器人后退后蹲下，当大于 20cm 时，机器人站立并向前走跟随，当大于 30cm 时机器人停止跟随做出挥手告别动作。程序执行结果如图 5-20 所示，机器人本体状态如图 5-21 所示。

```
1   #!/usr/bin/env
2   # coding=utf-8
3
4   import YanAPI
5   import time
6   '''
7   当手靠近小于 20cm 时机器人后退后蹲下，当大于 20cm 时，机器人站立并向前走跟随，当大于 30cm 时机器人停止跟随做出挥手告别动作。
8   请根据前面的实验自行编写 python 程序。
9   '''
10  while True:
11      infrared = YanAPI.get_sensors_infrared_value()
12      print("Read Sensor Value: %d mm" % infrared)
13      if infrared <= 200:
14          YanAPI.sync_play_motion("walk", "backward", "normal", 1)
15          YanAPI.sync_play_motion("crouch", "", "normal", 1)
16          YanAPI.sync_play_motion("reset")
17          time.sleep(1)
18      elif infrared > 200 and infrared <= 300:
19          YanAPI.sync_play_motion("walk", "forward", "normal", 1)
20          YanAPI.sync_play_motion("reset")
21          time.sleep(1)
22      elif infrared > 300:
23          YanAPI.sync_play_motion("wave", "right", "normal", 1)
24          YanAPI.sync_play_motion("reset")
25          time.sleep(1)
26          break
```

图 5-19　例程

```
pi@raspberrypi:~/Desktop $ python3 assignment_get_sensors_infrared_value.py
Read Sensor Value: 150 mm
Read Sensor Value: 250 mm
Read Sensor Value: 270 mm
```

图 5-20　例程执行结果

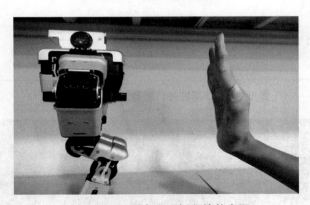

图 5-21　机器人实现例程的状态图

2. 温湿度传感器数据读取方法

YanAPI 中用于读取温湿度传感器数据的接口函数有 get_sensors_environment 和 get_sensors_environment_value。

（1）get_sensors_environment。

函数功能：获取温湿度环境传感器值（使用此接口前，请先调用 sensors/list 接口查看相应的传感器是否被检测到）。

语法格式：

```
get_sensors_environment()
```

返回类型：dict，其返回说明如下。

```
{
    code: integer 返回码，0 表示正常
    data:
        {
            environment:[
                {
                    id: integer 传感器 ID 值，取值：1~127
                    slot:integer 传感器槽位号，取值：1~6
                    temperature:integer 温度值
                    humidity: integer 湿度值
                    pressure: integer 大气压力
                }
            ]
        }
    msg:string 提示信息
}
```

　　读取温湿度传感器数据的基础程序如图 5-22 所示；读取温湿度传感器数据的结果如图 5-23 所示。

```
1  #!/usr/bin/env
2  # coding=utf-8
3
4  import YanAPI
5
6  env = YanAPI.get_sensors_environment()
7  id = env['data']['environment'][0]['id']
8  slot = env['data']['environment'][0]['slot']
9  temperature = env['data']['environment'][0]['temperature']
10 humidity = env['data']['environment'][0]['humidity']
11 pressure = env['data']['environment'][0]['pressure']
12
13 print("Read Sensor id %d " % id)
14 print("Read Sensor slot %d " % slot)
15 print("Read Sensor temperature %d " % temperature)
16 print("Read Sensor humidity %d " % humidity)
17 print("Read Sensor pressure %d " % pressure)
18
```

图 5-22　读取温湿度传感器数据的基础程序

```
pi@raspberrypi:~/Desktop/env $ python3 get_sensors_environment.py
Read Sensor id 59
Read Sensor slot 4
Read Sensor temperature 28
Read Sensor humidity 42
Read Sensor pressure 1005
```

图 5-23　读取温湿度传感器数据的结果

（2）get_sensors_environment_value。

函数功能：获取温湿度传感器值，简化返回值。

语法格式：

```
get_sensors_environment_value()
```

返回类型：**dict**，其返回说明如下。

```
{
    id: integer  传感器 ID 值，取值：1~127
    slot:integer  传感器槽位号，取值：1~6
    temperature:integer  温度值
    humidity: integer  湿度值
    pressure: integer  大气压力
}
```

读取温湿度传感器数据的基础程序如图 5-24 所示。

```
1  #!/usr/bin/env
2  # coding=utf-8
3
4  import YanAPI
5
6  env = YanAPI.get_sensors_environment_value()
7  env = env['temperature']
8  print("Read Sensor Value %d ℃" % env)
9
```

图 5-24　读取温湿度传感器数据的基础程序

读取温湿度传感器数据的结果如图 5-25 所示。

```
pi@raspberrypi:~/Desktop $ python3 get_sensors_environment_value.py
Read Sensor Value 28 ℃
```

图 5-25　读取温湿度传感器数据的结果

温湿度传感器数据读取例程如图 5-26 所示。例程执行结果如图 5-27 所示。

```
1   #!/usr/bin/env
2   # coding=utf-8
3
4   import YanAPI
5
6   # 温湿度：当温度高于 20℃的时候提醒穿短袖，当温度低于 10℃的时候建议穿厚外套。
7   env = YanAPI.get_sensors_environment_value()
8   env = env['temperature']
9   print("Read Sensor Value %d ℃" % env)
10  if env > 20:
11      YanAPI.sync_do_tts("温度高于20摄氏度，建议穿短袖")
12      print("")
13  elif env < 10:
14      YanAPI.sync_do_tts("温度低于10摄氏度，建议穿外套")
```

图 5-26　温湿度传感器数据读取例程

```
pi@raspberrypi:~/Desktop $ python3 assignment_get_sensors_environment_value.py
Read Sensor Value 28 ℃
```

图 5-27　例程执行结果

3. 触摸传感器数据读取方法

YanAPI 中用于读取触摸传感器数据的接口函数有：get_sensors_touch 和 get_sensors_touch_value。

（1）get_sensors_touch。

函数功能：获取触摸传感器值。

语法格式：

```
get_sensors_touch(id: int = None, slot: List[int] = None)
```

参数说明：

id (list[int])——传感器的 ID，可不填；

slot(List[int]) ——传感器槽位号，可不填。

返回类型：dict，其返回说明如下。

```
{
    code:integer 返回码：0 表示正常
    data:
        {
            touch:
                [
                    {
                        id: integer 传感器 ID 值，取值：1~127
                        slot: integer 传感器槽位号，取值：1~6
                        value: integer 0- 未触摸 / 1- 触摸按钮 1/2- 触摸
                        按钮 2/3- 触摸两边
                    }
                ]
        }
    msg:string 提示信息
}
```

读取触摸传感器数据的基础程序如图 5-28 所示。读取触摸传感器数据的结果如图 5-29 所示。

```
1   #!/usr/bin/env
2   # coding=utf-8
3
4   import YanAPI
5   import time
6
7   touch = YanAPI.get_sensors_touch()
8   id = touch['data']['touch'][0]['id']
9   slot = touch['data']['touch'][0]['slot']
10  value = touch['data']['touch'][0]['value']
11
12  print("Read Sensor id %d" % id)
13  print("Read Sensor slot %d" % slot)
14  print("Read Sensor value %d" % value)
15
```

图 5-28　读取触摸传感器数据的基础程序

```
pi@raspberrypi:~/Desktop/touch $ python3 get_sensors_touch.py
Read Sensor id 29
Read Sensor slot 4
Read Sensor value 0
```

图 5-29　读取触摸传感器数据的结果

（2）get_sensors_touch_value。

函数功能：获取触摸传感器值，简化返回值。

语法格式：

```
get_sensors_touch_value()
```

返回类型：int。

返回说明：触摸状态值，0- 未触摸 / 1- 触摸按钮 1/ 2- 触摸按钮 2/ 3- 触摸两边。

读取触摸传感器数据的基础程序如图 5-30 所示；读取触摸传感器数据的结果如图 5-31 所示。结果为 0 代表没有触摸发生，结果为 1 代表左边被触摸，结果为 2 代表右边被触摸，结果为 3 代表两边同时被触摸。

```
1   #!/usr/bin/env
2   # coding=utf-8
3
4   import YanAPI
5
6   touch = YanAPI.get_sensors_touch_value()
7   print("Read Sensor Value %d" % touch)
```

图 5-30　读取触摸传感器数据的基础程序

```
pi@raspberrypi:~/Desktop/touch $ python3 get_sensors_touch_value.py
Read Sensor Value 2
```

图 5-31　读取触摸传感器数据的结果

4.压力传感器数据读取方法

YanAPI 用于读取压力传感器数据的接口函数有 get_sensors_pressure 和 get_sensors_pressure_value。

（1）get_sensors_pressure。

函数功能：获取压力传感器值。

语法格式：

```
get_sensors_pressure(id: List[int] = None, slot: List[int] = None)
```

参数说明：

id (List[int])——传感器的 ID，可不填；

slot(List[int]) ——传感器槽位号，可不填。

返回类型：dict，其返回说明如下。

```
{
    code:integer 返回码，0表示正常
    data:
        {
            pressure:
                [
                    {
                        id: integer 传感器 ID 值，取值：1~127
                        slot: integer 传感器槽位号，取值：1~6
                        value: integer 压力值，单位：牛 N
                    }
                ]
        }
    msg:string 提示信息
}
```

读取压力传感器数据的基础程序如图 5-32 所示；读取压力传感器数据的结果如图 5-33 所示。

```
1   #!/usr/bin/env
2   # coding=utf-8
3
4   import YanAPI
5
6   pressure = YanAPI.get_sensors_pressure()
7
8   id = pressure['data']['pressure'][0]['id']
9   slot = pressure['data']['pressure'][0]['slot']
10  value = pressure['data']['pressure'][0]['value']
11
12  print("Read Sensor id %d" % id)
13  print("Read Sensor slot %d" % slot)
14  print("Read Sensor value %d" % value)
```

图 5-32 读取压力传感器数据的基础程序

```
pi@raspberrypi:~/Desktop/pressure $ python3 get_sensors_pressure.py
Read Sensor id 35
Read Sensor slot 4
Read Sensor value 1
```

图 5-33　读取压力传感器数据的结果

（2）get_sensors_pressure_value。

函数功能：获取压力传感器值，简化返回值。

语法格式：

```
get_sensors_pressure_value()
```

返回类型：int。

返回说明：压力值，单位：牛（N）。

读取压力传感器数据的基础程序如图 5-34 所示；读取压力传感器数据的结果如图 5-35 所示。

```
1   #!/usr/bin/env
2   # coding=utf-8
3
4   import YanAPI
5
6   pressure = YanAPI.get_sensors_pressure_value()
7   print("Read Sensor Value %d N" % pressure)
```

图 5-34　读取压力传感器数据的基础程序

```
pi@raspberrypi:~/Desktop/pressure $ python3 get_sensors_pressure_value.py
Read Sensor Value 17 N
```

图 5-35　读取压力传感器数据的结果

5. 陀螺仪传感器数据读取方法

YanAPI 中用于读取陀螺仪传感器数据的接口函数为：get_sensors_gyro。

函数功能：获取九轴陀螺仪运动传感器值。

语法格式：

```
get_sensors_gyro()
```

返回类型：dict，其返回说明如下。

```
{
    code:integer 返回码：0表示正常
    data:
        {
            gyro:[
                {
```

```
                        id:integer 传感器 ID 值, 取值: 1~127
                        gyro-x:number(float)              陀螺仪传感器 x
                        gyro-y:number(float)              陀螺仪传感器 y
                        gyro-z:number(float)              陀螺仪传感器 z
                        accel-x:number(float)             加速度计 x
                        accel-y:number(float)             加速度计 y
                        accel-z:number(float)             加速度计 z
                        compass-x:number(float)           磁力计 x
                        compass-y:number(float)           磁力计 y
                        compass-z:number(float)           磁力计 z
                        euler-x:number(float)             欧拉角 x
                        euler-y:number(float)             欧拉角 y
                        euler-z:number(float)             欧拉角 z
                  }
            ]
      }
  msg:string 提示信息
}
```

读取陀螺仪传感器数据的基础程序如图 5-36 所示;读取陀螺仪传感器数据的结果如图 5-37 所示。

```
1   #!/usr/bin/env
2
3   import YanAPI as api
4
5   gyro = api.get_sensors_gyro()
6   id = gyro['data']['gyro'][0]['id']
7   gyro_x = gyro['data']['gyro'][0]['gyro-x']
8   gyro_y = gyro['data']['gyro'][0]['gyro-y']
9   gyro_z = gyro['data']['gyro'][0]['gyro-z']
10  euler_x = gyro['data']['gyro'][0]['euler-x']
11  euler_y = gyro['data']['gyro'][0]['euler-y']
12  euler_z = gyro['data']['gyro'][0]['euler-z']
13  accel_x = gyro['data']['gyro'][0]['accel-x']
14  accel_y = gyro['data']['gyro'][0]['accel-y']
15  accel_z = gyro['data']['gyro'][0]['accel-z']
16  compass_x = gyro['data']['gyro'][0]['compass-x']
17  compass_y = gyro['data']['gyro'][0]['compass-y']
18  compass_z = gyro['data']['gyro'][0]['compass-z']
19  print('Read Sensors id:%d'%id)
20  print('Read Sensors gyro-x:%d'%gyro_x)
21  print('Read Sensors gyro-y:%d'%gyro_y)
22  print('Read Sensors gyro-z:%d'%gyro_z)
23  print('Read Sensors euler-x:%d'%euler_x)
24  print('Read Sensors euler-y:%d'%euler_y)
25  print('Read Sensors euler-z:%d'%euler_z)
26  print('Read Sensors accel-x:%d'%accel_x)
27  print('Read Sensors accel-y:%d'%accel_y)
28  print('Read Sensors accel-z:%d'%accel_z)
29  print('Read Sensors compass-x:%d'%compass_x)
30  print('Read Sensors compass-y:%d'%compass_y)
31  print('Read Sensors compass-z:%d'%compass_z)
```

图 5-36 读取陀螺仪传感器数据的基础程序

图 5- 37 　读取陀螺仪传感器数据的结果

☞ 任务实施

所需设施 / 设备：2.4G 无线网络、智能人形机器人、无线键鼠（无线键盘、无线鼠标）、配套传感器、HDMI 线、计算机（已安装树莓派 Raspbian 系统、Linux 系统、Python 环境）、手机（已安装 Yanshee APP）。

任务 5.1 　让机器人与人进行触摸交流

完成以下任务：机器人 Yanshee 对实验者说："你好，我们可以握握手吗？"，这时实验者用手触摸机器人胳膊上的触摸传感器，此时机器人感受到人手触摸信号，并上下摇动自己的手臂，同时说："非常感谢您的光临！我是您的智能机器人助手 Yanshee，祝您玩得愉快！"。当人手离开的时候，机器人手臂回到正常位置，并说："认识您很高兴，再会！"

具体操作步骤如下：

1. 正确选用触摸传感器

从机器人 Yanshee 传感器配件包中正确选用触摸传感器。

2. 安装触摸传感器

将触摸传感器安装到机器人 Yanshee 胳膊的传感器接口，如图 5-38 所示。

3. 编写程序

读取触摸传感器的数据并对读取的触摸传感器数据进行判断，编写程序如图 5-39 所示。

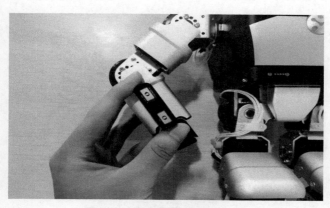

图 5-38　触摸传感器安装示意图

```
import YanAPI
import time

'''触摸：首先 Yanshee 机器人会伸出手来，对实验者说："你好，我们可以握握手吗？"，
这时实验者把手递过去，用手触摸机器人胳膊上的触摸传感器，此时机器人感受到人手触摸信号，并上下摆动自己的手臂，
同时说："非常感谢您的光临！我是您的智能机器人助手Yanshee，祝您玩得愉快！"。
当人手离开的时候，机器人手臂回到正常位置，并说："认识您很高兴，再会！"'''

YanAPI.sync_do_tts("你好，我们可以握握手吗？")
time.sleep(1)
YanAPI.sync_play_motion("hand")    # 上传自定义动作
while True:
    touch = YanAPI.get_sensors_touch_value()
    print("Read Sensor Value %d" % touch)

    if touch == 1 or touch == 2 or touch == 3:
        print("已被触摸,触摸按钮%d" % touch)
        YanAPI.sync_do_tts("非常感谢您的光临！我是您的智能机器人助手Yanshee，祝您玩得愉快！")
        YanAPI.sync_play_motion("wave", "right", "normal", 1)

    else:
        print("未触摸%d" % touch)
        YanAPI.sync_do_tts("认识您很高兴，再会！")
        YanAPI.sync_play_motion("reset")
        break
```

图 5-39　任务 5.1 程序

4. 运行程序

运行程序在窗口会出现执行判断结果，如图 5-40 所示；此时机器人 Yanshee 会对实验者说："你好，我们可以握握手吗？"实验者用手触摸机器人胳膊上的触摸传感器，机器人会上下摇动自己的手臂，同时说："非常感谢您的光临！我是您的智能机器人助手 Yanshee，祝您玩得愉快！"。当人手离开的时候，机器人手臂回到正常位置，并说："认识您很高兴，再会！"任务实现预期效果，如图 5-41 所示。

```
pi@raspberrypi:~/Desktop $ python3 assignment_get_sensors_touch_value.py
Read Sensor Value 1
已被触摸,触摸按钮1
Read Sensor Value 0
未触摸0
```

图 5-40　任务程序执行结果

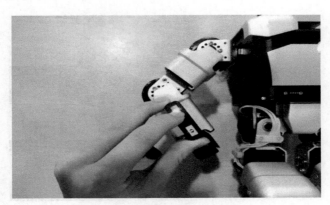

图 5-41　机器人实现任务结果

任务 5.2　让机器人自动进行摔倒爬起

完成以下任务：当机器人前趴时角度约为 0°，机器人后仰时角度约为 180°，考虑到机器人摔倒时的自身结构差异或地面不平，可以简单认为：当 x 轴角度在 –20°~20° 时，机器人前趴摔倒；当 x 轴角度在小于 –160° 或大于 160°，机器人后仰摔倒。

当判断机器前趴摔倒时，执行 getup_in_front 动作（内置动作）；当机器人后仰摔倒时，执行 getup_in_back 动作（内置动作），从而让机器人摔倒后自动爬起来。

1. 编写程序

如图 5-42 所示，编写读取陀螺仪的数据程序。

```
#!/usr/bin/env
# coding=utf-8

import YanAPI

while True:
    gyro = YanAPI.get_sensors_gyro()
    euler_x = gyro['data']['gyro'][0]['euler-x']
    print("Read Sensor Value %d " % euler_x)
    if euler_x > -30 and euler_x < 30:
        YanAPI.sync_play_motion("getup_in_front")
    if euler_x < -160 and euler_x < -160:
        YanAPI.sync_play_motion("getup_in_back")
```

图 5-42　任务 5.2 程序

2. 调试逻辑判断程序

执行逻辑判断程序，对读取的陀螺仪数据进行判断，执行判断结果。

（1）当机器人如图 5-43 所示处于前趴时，终端会出现如图 5-44 所示的结果。

图 5-43　机器人前趴

```
pi@raspberrypi:~/Desktop $ python3 cs.py
Read Sensor Value -3
```

图 5-44　前趴任务执行时终端结果

（2）当机器人如图 5-45 所示处于后倒时，终端会出现如图 5-46 所示的结果。

图 5-45　机器人后倒

```
pi@raspberrypi:~/Desktop $ python3 cs.py
Read Sensor Value 178
```

图 5-46　后倒任务执行时终端结果

3. 运行程序

（1）当机器人处于前趴时，机器人 Yanshee 会出现以下动作，如图 5-47、图 5-48 所示，最后成功实现任务结果如图 5-49 所示。

图 5-47　机器人前趴任务过程 1

图 5-48　机器人前趴任务过程 2

（2）当机器人处于后倒时，机器人 Yanshee 会出现以下动作，如图 5-50、图 5-51 所示，最后成功实现任务结果如图 5-52 所示。

图 5-49　机器人前趴实现任务结果

图 5-50　机器人后倒任务过程 1

图 5-51　机器人后倒任务过程 2

图 5-52　机器人后倒实现任务结果

➔ 任务评价

完成本项目中的学习任务后，请对学习过程和结果的质量进行评价和总结，并填写评价反馈表（见表 5-4）。自我评价由学习者本人填写，小组评价由组长填写，教师评价由任课教师填写。

表 5-4　评价反馈表

班级		姓名		学号		日期	
自我评价	1. 能正确辨认红外传感器和触摸传感器				□是　□否		
	2. 能正确安装红外传感器和触摸传感器				□是　□否		
	3. 能正确调用 YanAPI 完成传感器的数据读取				□是　□否		
	4. 能正确完整地编写出任务实施的程序				□是　□否		
	5. 能调试程序并查看识别结果				□是　□否		

（续）

班级		姓名		学号		日期	

自我评价	6. 在完成任务的过程中遇到了哪些问题？是如何解决的？	
	7. 是否能独立完成工作页任务书的填写	□是 □否
	8. 是否能按时上、下课，着装规范	□是 □否
	9. 学习效果自评等级	□优 □良 □中 □差
	10 总结与反思	
小组评价	1. 在小组讨论中能积极发言	□优 □良 □中 □差
	2. 能积极配合小组完成工作任务	□优 □良 □中 □差
	3. 在查找资料信息中的表现	□优 □良 □中 □差
	4. 能够清晰表达自己的观点	□优 □良 □中 □差
	5. 安全意识与规范意识	□优 □良 □中 □差
	6. 遵守课堂纪律	□优 □良 □中 □差
	7. 积极参与汇报展示	□优 □良 □中 □差
教师评价	综合评价等级： 评语：	教师签名： 日期：

➔ 项目习题

一、选择题

1. 描绘速度变化快慢的物理量是：（ ）。

A. 加速度   B. 速度

C. 欧拉角   D. 角速度

2. 陀螺仪不具备（ ）的功能。

A. 感测方向   B. 测量线速度

C. 测量转动角速度   D. 维持方向

3. YanAPI 中的 "get_sensors_pressure" 可获取的数据有（ ）。（多选题）

A. 传感器 ID 值   B. 传感器槽位号

  C. 触摸情况   D. Accel-x

4. 陀螺仪返回的三轴数据有（ ）。（多选题）

  A. 欧拉角   B. 加速度计

  C. 磁力计   D. 陀螺仪传感器

5. YanAPI 中的"get_sensors_infrared"可获取的数据有（ ）。（多选题）

  A. 传感器 ID 值   B. 传感器槽位号

  C. 距离值   D. 传感器数量

二、判断题

1. 陀螺仪读出的是角速度，角速度乘以时间，就是转过的角度。（ ）

2. 重力加速度不可以分解成 x、y、z 三个方向的分加速度。（ ）

3. 陀螺仪主要是由一个位于轴心且可旋转的转子构成。（ ）

4. 机器人 Yanshee 中可通过调用 YanAPI 中的"get_sensors_environment"查询陀螺仪数据。（ ）

06

项目六
和服务机器人聊聊天

【项目导入】

在科技飞速发展的今天，陪护机器人、早教机器人在我们的生活中扮演着重要的角色，大家对语音技术的要求越来越高。其实语音技术在很早就走入了大家的生活，从亚马逊的 Echo 到微软的 Cortana，从苹果的语音助手 Siri 到谷歌的 Assistant，语音识别技术的广泛应用为我们的生活带来了许多便利，也给我们的生活增添了一抹色彩。

本项目将带大家走进机器人的语音世界，借助智能人形服务机器人 Yanshee 配置的双声道立体声喇叭以及回声消除、有效降噪、对话闲聊等功能，了解智能语音的奥秘，和机器人互动起来（见图 6-1）。

图 6-1　和机器人聊聊天

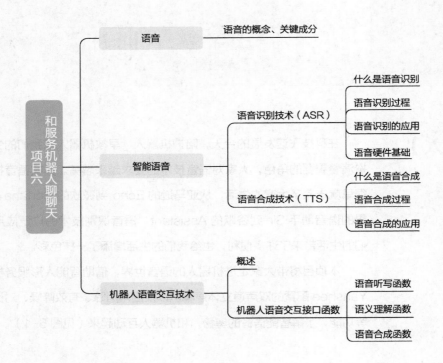

- 项目六 和服务机器人聊聊天
  - 语音 —— 语音的概念、关键成分
  - 智能语音
    - 语音识别技术（ASR）
      - 什么是语音识别
      - 语音识别过程
      - 语音识别的应用
      - 语音硬件基础
    - 语音合成技术（TTS）
      - 什么是语音合成
      - 语音合成过程
      - 语音合成的应用
  - 机器人语音交互技术
    - 概述
    - 机器人语音交互接口函数
      - 语音听写函数
      - 语义理解函数
      - 语音合成函数

⌲ 学习目标

1. 了解语音与智能语音的概念和特点；
2. 了解智能语音识别技术的实现流程；
3. 了解语音合成的概念以及技术实现流程；
4. 了解智能语音的硬件基础，智能语音的应用场景；
5. 掌握语音识别、语音合成的指令使用方法；
6. 能够调用语音识别、语义理解、语音合成的指令实现语音听写、与机器人对话等功能。

⌲ 项目任务

1. 调用机器人语音指令实现语音听写功能，对机器人说"你好"，打印出文本"你好"；
2. 调用机器人语音指令实现与机器人对话的功能，如对机器人说"你好"，机器人语音回复"你好朋友，愿我们相处愉快！"。

⌲ 相关知识

6.1　语音

语音是指人类通过发音器官发出来的、具有一定意义的、目的是用来进行社会交际的声音。在语言的形、音、义三个基本属性当中，语音是第一属性，人类的语言首先是以语音的形式形成，世界上有无文字的语言，但没有无语音的语言，语音在语言中起决定性的支撑作用。

读音的三大关键成分分别为：信息、音色和韵律，其物理学要素包含音高、音强、音长和音色。音高指的是声音的高低，它主要取决于发音体振动频率（频率是指在单位时间内振动的次数）的大小，与频率成正比。音强指的是声音的强弱，它主要取决于发音体的振幅（振幅指发音体振动时最大的幅度）大小，与发音体的振幅成正比。音长指的是声音的长短，它主要取决于发音体振动持续时间的长短。音色指的是声音的个性或特色，它主要取决于发音体振动的形式，发音器官的不同形态决定语音发音体的振动形式，即决定了语音音色不同。

6.2　智能语音

智能语音即智能语音技术，是实现人机语言的通信，包括语音识别技术（ASR）和语音合成技术（TTS）。

6.2.1　语音识别技术（ASR）

人类有五种感官，它们分别是视觉、听觉、味觉、嗅觉和触觉，其中视觉和听觉尤为重要，是人类认识世界的基本感官。机器也有视觉和听觉，图像识别让机器有了视觉，语音识别让机器有了听觉。

1. 什么是语音识别

语音识别是通过对一种或者多种语音信号进行特征化的识别与分析，然后实现语音匹配以及辨别的过程。语音识别技术，也被称为自动语音识别 Automatic Speech Recognition（ASR），就是让机器通过识别和理解过程把语音信号转变为相应的文本或命令的技术。

根据识别的对象不同，语音识别任务大体可分为 3 类，即孤立词识别、连续语音识别和关键词识别。语音识别是语音交互技术中首要的关键步骤，若接收的声音信号不能有效地被识别，则后续的自然语言理解、自然语言生成和语音合成三大步骤也无法顺利进行。

2. 语音识别过程

语音识别过程包括从一段连续声波中采样，将每个采样值量化，得到声波的压缩数字化表示。采样值位于重叠的帧中，对于每一帧，抽取出一个描述频谱内容的特征向量。然后，根据语音信号的特征识别语音所代表的单词。语音识别过程如图 6-2 所示。

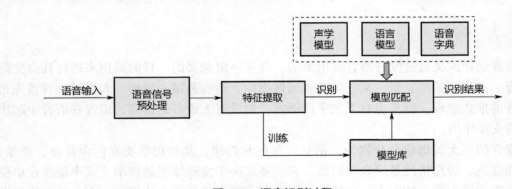

图 6-2　语音识别过程

为了更有效地提取特征，往往还需要对所采集到的声音信号进行滤波、分帧等预处理工作，把要分析的信号从原始信号中提取出来；特征提取工作将声音信号从时域转换到频域，为声学模型提供合适的特征向量；声学模型中再根据声学特性计算每一个特征向量在声学特征上的得分；而语言模型则根据语言学相关的理论，计算该声音信号对应可能词组序列的概率；最后根据已有的字典，对词组序列进行解码，得到最后可能的文本表示。

3. 语音识别的应用

语音识别技术的应用包括语音拨号、语音导航、室内设备控制、语音文档检索、简单的听写数据录入等。语音识别的使用场景如图 6-3 所示。语音识别技术与其他自然语言处理技术（如机器翻译及语音合成技术）相结合，可以构建出更加复杂的应用，例如语音到语音的翻译。

图 6-3 语音识别的使用场景

4. 语音硬件基础

（1）麦克风。麦克风，学名为传声器，由英语 Microphone（送话器）音译而来，也称话筒、微音器。这是一种将声音转换成电子信号的换能器，即把声信号转成电信号，这其实和光电转换的原理是完全一致的。

图 6-4a 所示是一款智能机器人内部麦克风电路板，麦克风电路板与主板 MIC 接口的连接如图 6-4b 所示。

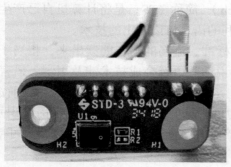

a）麦克风电路板

b）麦克风电路板与主板连接

图 6-4 麦克风

在实际应用中，远场语音识别采用的是麦克风阵列方式，即由一定数目的声学传感器（一般是麦克风）组成，用来对声场的空间特性进行采样并处理的系统。

（2）扬声器。扬声器又称"喇叭"，是一种把电信号转变为声信号的换能器件，扬声器的性能优劣对音质的影响很大。音频电能通过电磁、压电或静电效应，使其纸盆或膜片振动并与周围的空气产生共振（共鸣）而发出声音。扬声器是一种十分常用的电声换能器件，在发声的电子电气设备中都能见到它。

双声道就是实现立体声的原理，在空间放置两个互成一定角度的扬声器，每个扬声器单独由一个声道提供信号。而每个声道的信号在录制的时候就经过了处理：处理的原则就是模仿人耳在自然界听到声音时的生物学原理，表现在电路上基本也就是两个声道信号在相位上有所差别，这样当站到两个扬声器的轴心线相交点上听声音时就可感受到立体声的效果。

图 6-5a 所示是一款智能机器人的喇叭与主板的连接，喇叭与主板接口的连接如图 6-5b 所示。

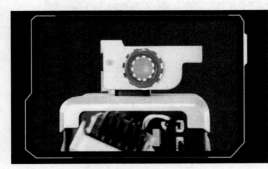

a）喇叭与主板的连接　　　　　　　　　b）喇叭与主板接口的连接

图 6-5　扬声器

6.2.2　语音合成技术（TTS）

1. 什么是语音合成

语音合成又称文语转换（Text-To-Speech），简称 TTS，是将计算机自己产生的或外部输入的文字信息转变为可以听得懂的、流利的语言口语输出的技术。

语音合成能将任意文字信息实时转化为标准、流畅的语音朗读出来，相当于给机器装上了跟人一样的嘴，让机器像人一样开口说话。语音合成技术涉及声学、语言学、数字信号处理、计算机科学等多个学科技术，是人工智能信息处理领域的一项前沿技术，解决的主要问题就是如何将文字信息转化为可听见的声音信息。相比于语音识别技术，语音合成技术更加成熟一些，并已经开始向产业化方向迈进，大规模应用指日可待。

2. 语音合成过程

语音合成主要由文本分析和语音合成两部分组成，如图 6-6 所示。其中，文本分析部分主要实现的功能是根据词典 / 规则对文本进行语言分析处理，提交给韵律处理器赋予感情上的律动，然后提交给语音合成器进行合成输出。

语音合成流程分为文本分析、韵律控制和语音合成三个部分。通过文本分析提取出文本特征，在此基础上预测基频、时长、节奏等多种韵律特征，然后通过声学模型实现从前端参数到语音参数的映射，最后通过声码器合成语音。其流程框图如图 6-7 所示。

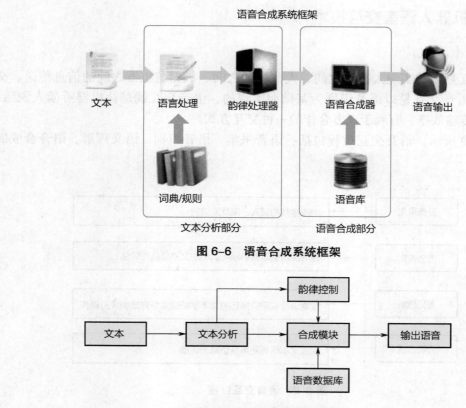

图 6-6 语音合成系统框架

图 6-7 语音合成流程框图

3. 语音合成的应用

语音合成技术的应用场景非常广泛，在语音助理里面的 Apple Siri 就用到了语音合成技术，语音合成是语音助理的重要组成部分；智能音响、地图导航、新闻播报、智能客服、呼叫中心等也都用到了语音合成技术。语音合成技术应用场景如图 6-8 所示。

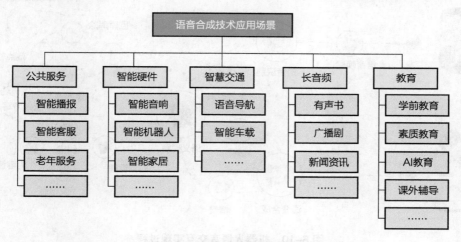

图 6-8 语音合成技术应用场景

6.3 机器人语音交互技术

6.3.1 概述

语音交互是一种实现人与人之间、人与机器之间、机器与机器之间的信息传递、交流的技术，语音交互是以语音识别为基础而实现的，语音交互就是让机器听懂人说话，有利于提高传输效率，有利于双方合作的一种交互方式。

如图 6-9 所示，语音交互过程包括：语音采集、语音识别、语义理解、语音合成四个部分。

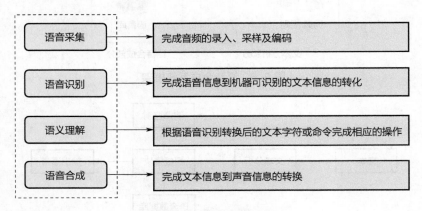

图 6-9　语音交互过程

随着机器人变得越来越无所不在，人们也越来越需要以一种方便和直观的方式与机器人进行交互。对于许多现实世界的任务来说，使用自然语言交互更自然、更直观。目前，自然语言交互技术已广泛应用于服务机器人和娱乐机器人，机器人语音交互实现过程如图 6-10 所示。

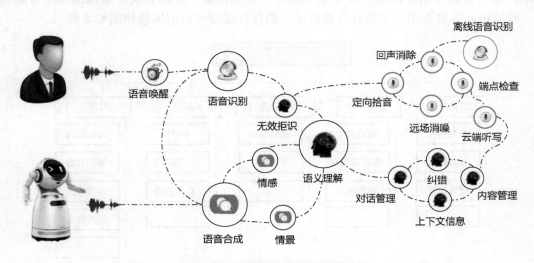

图 6-10　机器人语音交互实现过程

当人和机器人交互的时候，需要语音唤醒机器人，让机器人能够进行语音识别。在嘈杂的情况下，语音识别能够定向拾音，知道谁是"说话人"，并且实现远场消噪和回声消除。当语音转为文本的时候，机器人"大脑"开始对文本进行理解，也就是语义理解。在这个过程中，包含了对话管理、纠错、内容管理、上下文信息。机器人开始作答时，人们希望回答是"有温度"的，这就涉及情感和情景，随即机器人会通过"嘴巴"，也就是语音合成来发出声音，完成人类和机器人的对话。

6.3.2　机器人语音交互接口函数

本书以智能人形服务机器人 Yanshhee（以下简称"Yanshee"）为例，介绍机器人语音交互接口的函数及其使用方法。

在机器人 Yanshee 中，与语音相关的 YanAPI 接口有 12 个，具体见表 6-1（最新 YanAPI 读者可自行查阅 Yanshee 开发者官网）。

表 6-1　语音相关 YanAPI

序号	功能	函数名
1	停止语义理解服务	stop_voice_asr
2	获取语义理解工作状态	get_voice_asr_state
3	开始语义理解	start_voice_asr
4	执行语义理解并获取返回结果	sync_do_voice_asr
5	停止语音听写	stop_voice_iat
6	获取语音听写结果	get_voice_iat
7	开始语音听写	start_voice_iat
8	执行语音听写并获取返回结果	sync_do_voice_iat
9	停止语音播报任务	stop_voice_tts
10	获取指定任务或者当前工作状态	get_voice_tts_state
11	开始语音合成任务	start_voice_tts
12	执行语音合成并获取返回结果	sync_do_tts

1. 语音听写函数

（1）start_voice_iat。

函数功能：开始语音听写（当前语音听写处于工作状态而需要开启新的语音听写时，需要先停止当前的语音听写）。

语法格式：

```
start_voice_iat(timestamp: int = 0)
```

参数说明：timestamp (integer)——时间戳，Unix 标准时间。

返回类型：dict，其说明如下所示。

```
{
    code:integer 返回码：0表示正常
    data:{}
    msg:string 提示信息
}
```

（2）stop_voice_iat。

函数功能：停止语音听写。

语法格式：

```
stop_voice_iat()
```

返回类型：dict，其返回说明如下所示。

```
{
    code:integer 返回码：0表示正常
    msg:string 提示信息
}
```

运行 5 次后停止语音听写功能程序如图 6-11 所示。

```
import time
import YanAPI as api
n=0
while True:
    if n<5:
        ret = api.start_voice_iat()
        print(ret)
        n+=1
        time.sleep(2)
    else:
        api.stop_voice_iat()
        print("已停止")
```

```
{'data': '{}', 'code': 0, 'msg': 'Success'}
{'data': '{}', 'code': 20001, 'msg': 'Resource is not availble.'}
{'data': '{}', 'code': 0, 'msg': 'Success'}
{'data': '{}', 'code': 0, 'msg': 'Success'}
{'data': '{}', 'code': 20001, 'msg': 'Resource is not availble.'}
已停止
```

图 6-11　运行 5 次后停止语音听写功能程序

（3）get_voice_iat。

函数功能：获取语音听写结果。

语法格式：

```
get_voice_iat()
```

返回类型：**dict**，其返回说明如下所示。

```
{
        code: integer 返回码：0表示正常
        status: string  执行状态：idle- 非执行状态 run- 正在运行
        timestamp: integer 时间戳，Unix标准时间
        data:
            {
                 语音听写返回数据
            }
        msg:string 提示信息
}
```

start_voice_iat，get_voice_iat 函数可搭配使用，如图6-12所示。

```
while True:
        res = api.start_voice_iat()
        ret = api.get_voice_iat()
        print(ret)
        print(res)
```

```
{'status': 'run', 'data': {}, 'code': 0, 'msg': 'Success', 'timestamp': 0}
{'data': '{}', 'code': 0, 'msg': 'Success'}
{'status': 'run', 'data': {}, 'code': 0, 'msg': 'Success', 'timestamp': 0}
{'data': '{}', 'code': 20001, 'msg': 'Resource is not availble.'}
{'status': 'run', 'data': {}, 'code': 0, 'msg': 'Success', 'timestamp': 0}
{'data': '{}', 'code': 0, 'msg': 'Success'}
{'status': 'run', 'data': {'text': {'ls': False, 'bg': 0, 'sn': 1, 'ed': 0, 'ws': [{'b
g': 0, 'cw': [{'sc': 0, 'w': 'Hello'}]}]}}, 'code': 0, 'msg': 'Success', 'timestamp':
0}
```

图 6-12　语音听写指令的使用

图 6-13 所示的结果是 get_voice_iat 指令的返回值，听写结果是返回值的字典 ['data']
['text']['ws'][0]['cw'][0]['w'] 的值。

```
{'status': 'run', 'data': {}, 'code': 0, 'msg': 'Success', 'timestamp': 0}
{'data': '{}', 'code': 0, 'msg': 'Success'}
{'status': 'run', 'data': {'text': {'ls': False, 'bg': 0, 'sn': 1, 'ed': 0, 'ws': [{'b
g': 0, 'cw': [{'sc': 0, 'w': 'Hello'}]}]}}, 'code': 0, 'msg': 'Success', 'timestamp':
0}
```

图 6-13　语音听写程序结果

（4）sync_do_voice_iat。

函数功能：执行语音听写并获取返回结果。

语法格式：

```
sync_do_voice_iat()
```

返回类型：dict，其返回说明如下所示。

```
{
    code: integer 返回码：0表示正常
    status: string   执行状态：idle- 非执行状态 run- 正在运行
    timestamp: integer 时间戳，Unix标准时间
    data:
        {
                语音听写返回数据
        }
    msg:string 提示信息
}
```

单独调用 sync_do_voice_iat 函数完成语音听写程序及结果如图 6-14 所示。

```
import YanAPI as api
ret = api.sync_do_voice_iat()
print(ret)
```

```
{'status': 'idle', 'data': {'text': {'ls': False, 'bg': 0, 'sn': 1, 'ed': 0, 'ws': [{'bg': 0, 'cw': [{'sc': 0, 'w': '你好'}]}]}}, 'code': 0, 'msg': 'Success', 'timestamp': 1633603467}
```

```
import YanAPI as api
ret = api.sync_do_voice_iat()['data']['text']['ws'][0]['cw'][0]['w']
print(ret)
```

```
你好
```

图 6-14   单独调用语音听写程序及结果

2. 语义理解函数

（1）start_voice_asr。

函数功能：开始语义理解（当前语义理解处于工作状态而需要开启新的语义理解时，需要先停止当前的语义理解）。

语法格式：

```
start_voice_asr(continues=False, timestamp=0)
```

参数说明：

① continues (bool)——是否进行连续语义识别，布尔值：True- 需要 False- 不需要，默认值为 False。

② timestamp(integer)——时间戳，Unix 标准时间。

返回类型：dict，返回说明如下所示。

```
{
    code:integer 返回码：0 表示正常
    data:{}
    msg:string 提示信息
}
```

（2）stop_voice_asr。

函数功能： 停止语义理解服务。

语法格式：

```
stop_voice_asr()
```

返回类型：dict，其返回说明如下所示。

```
{
    code:integer 返回码：0 表示正常
    msg:string 提示信息
}
```

（3）get_voice_asr_state。

函数功能： 获取语义理解工作状态。

语法格式：

```
get_voice_asr_state()
```

返回类型：dict，返回说明如下所示。

```
{
    code:integer 返回码：0 表示正常
    status:string 执行状态：idle- 非执行状态 run- 正在运行
    timestamp:integer 时间戳，Unix 标准时间
    data:{}
    msg: string 提示信息
}
```

start_voice_asr，get_voice_asr 函数可搭配使用。搭配使用时，需注意当 get_voice_asr 函数处于 "run" 状态时无法获取语义理解结果，需等语义理解执行完毕处于 "idle" 状态时获取语义理解结果。

运行如图 6-15 所示程序，对机器人 Yanshee 说 "你好"，机器人 Yanshee 回复 "你好朋友！愿我们相处愉快！"。

```
import YanAPI as api

while True:
    api.start_voice_asr()
    ret = api.get_voice_asr_state()
    if ret['status']=='idle':
        print(ret)
        break
```

{'data': {'intent': {'uuid': 'cida15f64db@dx000b14ba30c50100d5', 'text': '你好', 'opera
tion': 'ANSWER', 'no_nlu_result': 0, 'answer': {'text': '你好朋友！愿我们相处愉快！',
'answerType': 'iFlytekGenericQA', 'emotion': 'default', 'question': {'question_ws': '你
好/VI//', 'question': '你好'}, 'topicID': 'NULL', 'type': 'T'}, 'sid': 'cida15f64db@dx0
00b14ba30c50100d5', 'serviceCategory': 'iFlytekGenericQA', 'serviceName': 'iFlytekQA',
'serviceType': 'preventive', 'rc': 0, 'voice_answer': [{'content': '你好朋友！愿我们相
处愉快！', 'type': 'TTS'}], 'service': 'iFlytekQA'}}, 'timestamp': 0, 'msg': 'Success',
'status': 'idle', 'code': 0}

图6-15 语义理解程序及结果

（4）sync_do_voice_asr。

函数功能：执行语义理解并获取返回结果。

语法格式：

```
sync_do_voice_asr()
```

返回类型：dict，返回说明如下所示。

```
{
    code: integer 返回码：0表示正常
    status:string 执行状态：idle-非执行状态 run-正在运行
    timestamp:integer 时间戳，Unix标准时间
    data:{}
    msg: string 提示信息
}
```

如图6-16所示，单独调用 **sync_do_voice_asr** 函数完成语义理解，对机器人说"你好"，机器人做出回复"你好，又见面了真开心。"

```
import YanAPI as api
ret = api.sync_do_voice_asr()['data']['intent']
print(ret)
```

{'uuid': 'cida17387fd@dx000b14ba1958010005', 'text': '你好', 'operation': 'ANSWER', 'no
_nlu_result': 0, 'answer': {'text': '你好，又见面了真开心。', 'answerType': 'iFlytekGen
ericQA', 'emotion': 'default', 'question': {'question_ws': '你好/VI//', 'question': '你
好'}, 'topicID': 'NULL', 'type': 'T'}, 'sid': 'cida17387fd@dx000b14ba1958010005', 'serv
iceCategory': 'iFlytekGenericQA', 'serviceName': 'iFlytekQA', 'serviceType': 'preventiv
e', 'rc': 0, 'voice_answer': [{'content': '你好，又见面了真开心。', 'type': 'TTS'}], 's
ervice': 'iFlytekQA'}

图6-16 单独调用程序及结果

3. 语音合成函数

（1）start_voice_tts。

函数功能：开始语音合成任务，合成指定的语句并播放（当语音合成处于工作状态时可以接受新的语音合成任务）。

语法格式：

```
start_voice_tts(tts: str = '', interrupt: bool = True, timestamp: int = 0)
```

参数说明：

① tts (str)——待合成的文字。

② interrupt (bool)——是否可以被打断，True——可以被打断，False——不可以被打断，默认为 True。

③ timestamp (int)——时间戳，Unix 标准时间。

返回类型：dict，返回说明如下所示。

```
{
    code:integer 返回码：0 表示正常
    data:{}
    msg:string 提示信息
}
```

（2）stop_voice_tts。

函数功能：停止语音播报任务。

语法格式：

```
stop_voice_tts()
```

返回类型：dict，返回说明如下所示。

```
{
    code:integer 返回码：0 表示正常
    data:{}
    msg:string 提示信息
}
```

（3）get_voice_tts_state。

函数功能：获取指定任务或者当前工作状态（带时间戳为指定任务工作状态，如果无时间戳则表示当前工作状态）。

语法格式：

```
get_voice_tts_state(timestamp: int = None)
```

参数说明：timestamp (integer)——时间戳，Unix 标准时间。

返回类型：dict，返回说明如下所示。

```
{
    code: integer 返回码：0表示正常
    status: string 工作状态：idle- 任务不存在  run- 播放该段语音  build- 正在
合成该段语音 wait- 处于等待执行状态
    timestamp: integer 时间戳，Unix标准时间
    data:{}
    msg:string 提示信息
}
```

（4）sync_do_tts。

函数功能：执行语音合成并获取返回结果。

语法格式：

```
sync_do_tts(tts: str = '', interrupt: bool = True)
```

参数说明：

① tts (str)——待合成的文字。

② interrupt (bool)——是否可以被打断，True——可以被打断，False——不可以被打断，默认为 True。

返回类型：dict，返回说明如下所示。

```
{
    code: integer 返回码：0表示正常
    status: string 工作状态：idle- 任务不存在  run- 播放该段语音  build- 正在
合成该段语音 wait- 处于等待执行状态
    timestamp: integer 时间戳，Unix标准时间
    data:{}
    msg:string 提示信息
}
```

下列程序调用 sync_do_tts 函数，可实现机器人语音播报"我是机器人"。

```
import YanAPI
YanAPI.sync_do_tts("我是机器人")
```

➔ 任务实施

所需设施 / 设备：2.4G 无线网络、智能人形机器人、无线键鼠（无线键盘、无线鼠标）、配套传感器、HDMI 线、计算机（已安装远程控制软件 VNC 客户端）、手机（已安装 Yanshee APP）。

任务 6.1　让机器人执行语音听写

以智能人形服务机器人 Yanshee（以下简称"Yanshee"）为例，具体操作步骤如下。

（1）机器人接入网络。

（2）进入机器人 Yanshee 的树莓派系统，打开 Jupyter Lab 软件。

（3）导入机器人头文件。

```
import YanAPI
```

（4）设置需要控制的机器人 IP 地址。

```
ip_addr = "127.0.0.1" # please change to your yanshee robot IP
YanAPI.yan_api_init(ip_addr)
```

（5）调用语音转文本函数。

```
res = YanAPI.sync_do_voice_iat()
```

（6）解析并打印听写结果。

```
if len(res["data"]) > 0:
    print("\n 刚刚听到的内容为: ")
    words = res["data"]["text"]['ws']
    result = ""
    for word in words:
        result += word['cw'][0]['w']
    print (result)
else :
    print("\n 没有听到说话 ")
```

（7）运行程序。

运行程序，对机器人说"你好"，此时可以看到机器人终端系统界面显示程序打印文本为："你好"，如图 6-17 所示。尝试其他对话内容，观察打印的文本内容。

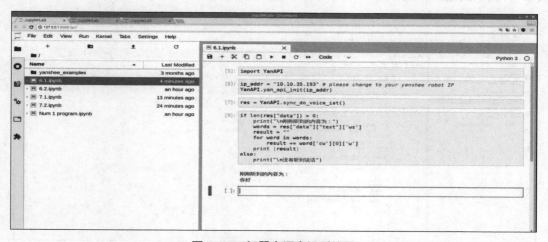

图 6-17 机器人语音识别结果

任务 6.2   与机器人聊天

（1）机器人接入网络。

（2）进入机器人 Yanshee 的树莓派系统，打开 Jupyter Lab 软件。

（3）导入机器人头文件。

```
import YanAPI
```

（4）设置需要控制的机器人 IP 地址。

```
ip_addr = "127.0.0.1" # please change to your yanshee robot IP
YanAPI.yan_api_init(ip_addr)
```

（5）调用语义理解服务指令。

```
res = YanAPI.sync_do_voice_asr()
```

（6）解析语义理解返回结果。

```
if len(res["data"]) > 0:
  result = res[ "data" ]['intent']['answer']['text'])
else :
  result = "没有听到说话"
```

（7）机器人进行播报。

```
YanAPI.sync_do_tts(result)
```

（8）运行程序。

运行程序，对机器人说"你好"，机器人回应"你好呀，你好可爱呀，我们交一个朋友吧"，其识别结果如图 6-18 所示。尝试其他对话内容，观察机器人播报的内容。

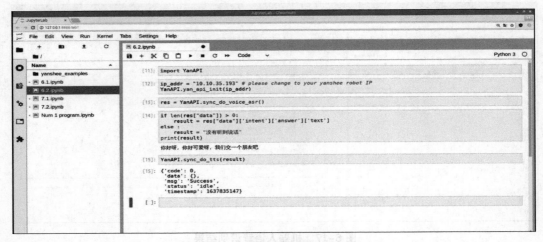

图 6-18   机器人语音交互识别结果

⤷ 任务评价

完成本项目中的学习任务后，请对学习过程和结果的质量进行评价和总结，并填写评价反馈表（见表 6-2）。自我评价由学习者本人填写，小组评价由组长填写，教师评价由任课教师填写。

表 6-2　评价反馈表

班级		姓名		学号		日期			
自我评价	1. 能阐述语音的概念、语音识别的技术及其应用					□是　□否			
	2. 能阐述语义及语义理解的概念					□是　□否			
	3. 能阐述语音合成的概念、语音合成的技术及其应用					□是　□否			
	4. 能使用语音听写指令实现机器人的语音听写功能					□是　□否			
	5. 能使用语义理解指令和语音合成指令实现机器人的聊天对话功能					□是　□否			
	6. 在完成任务的过程中遇到了哪些问题？是如何解决的？								
	7. 是否能独立完成工作页 / 任务书的填写					□是　□否			
	8. 是否能按时上、下课，着装规范					□是　□否			
	9. 学习效果自评等级					□优　□良　□中　□差			
	10. 总结与反思								
小组评价	1. 在小组讨论中能积极发言					□优　□良　□中　□差			
	2. 能积极配合小组完成工作任务					□优　□良　□中　□差			
	3. 在查找资料信息中的表现					□优　□良　□中　□差			
	4. 能够清晰表达自己的观点					□优　□良　□中　□差			
	5. 安全意识与规范意识					□优　□良　□中　□差			
	6. 遵守课堂纪律					□优　□良　□中　□差			
	7. 积极参与汇报展示					□优　□良　□中　□差			
教师评价	综合评价等级： 评语： 　　　　　　　　　　　　　　　　　　　　　　　　　　教师签名：　　　　日期：								

项目习题

一、选择题

1. 执行语音听写并获取返回结果的函数是（　　）。
   A. stop_voice_iat　　B. get_voice_iat　　　C. start_voice_iat　　D. sync_do_voice_iat
2. 开始语音合成任务的函数是（　　）。
   A. start_voice_asr　　B. start_voice_tts　　C. start_voice_iat　　D. sync_do_tts
3. 语音交互技术中首要的关键步骤是（　　）。
   A. 语音识别　　　　B. 语音合成　　　　C. 自然语言生成　　D. 自然语言理解
4. 语音合成流程分为 _____、_____ 和语音合成三个部分。（　　）
   A. 语言分析、语音理解　　　　　　　B. 文本分析、韵律控制
   C. 语音判断、语义理解　　　　　　　D. 语音理解、语义分析
5. 语音交互过程包括：语音采集、语音识别、_____、语音合成四个部分。（　　）
   A. 语义理解　　　B. 文本分析　　　C. 韵律控制　　　D. 语音分析
6. （　　）函数的作用是开始语音听写。
   A. stop_voice_iat　　B. start_voice_iat　　C. get_voice_iat　　D. sync_do_voice_iat
7. （　　）函数的作用是获取指定任务或者当前工作状态。
   A. get_voice_iat　　　　　　　　　B. start_voice_tts
   C. get_voice_tts_state　　　　　　D. start_voice_iat
8. （　　）函数的作用是开始语音合成任务，合成指定的语句并播放。（　　）
   A. stop_voice_tts　　B. get_voice_tts_state　　C. get_voice_iat　　D. start_voice_tts

二、判断题

1. 语音即语言的声音，是语言符号系统的分支。（　　）
2. 语音识别技术就是让机器通过识别和理解过程把文字信号转变为相应的文本或命令的技术。（　　）
3. 语音合成能将任意文字信息实时转化为标准、流畅的语音朗读出来。（　　）
4. 语音的三大要素分别为：信息、音色和韵律。（　　）
5. 智能语音技术包括语音识别技术和语音合成技术。（　　）
6. 根据识别的对象不同，语音识别任务大体可分为 3 类，即孤立词识别、多个词识别、连续语音识别。（　　）
7. 语音合成又称文语转换 Automatic Speech Recognition，简称 ASR。（　　）
8. 语音识别的过程包括从一段连续声波中采样，将每个采样值量化，得到声波的压缩数字化表示。（　　）
9. 若接收的声音信号不能有效地被识别，则后面的语音合成将无法进行。（　　）
10. 语音合成主要由文本分析和语音合成两部分组成。（　　）

07

项目七
带服务机器人看世界

【项目导入】

　　人类通过眼睛来感知周边环境，可以看到流动的白云、高速行驶的列车、连绵的高山。机器人也需要眼睛来"看世界"，于是机器视觉应运而生了。银行可以使用摄像机扫描储户面部进行身份识别，快速而又精准地为客户办理业务；警察可以使用人脸识别技术，精准抓捕潜伏在人群中的违法犯罪分子。

　　本项目将以一款智能人形服务机器人为例，带领大家学习机器人的视觉系统，探索机器人的人脸检测、分析、识别等功能（见图7-1）。

图7-1　机器视觉应用

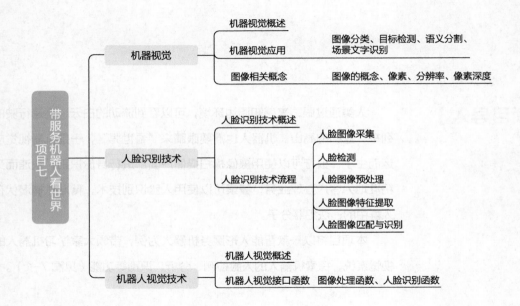

学习目标

1. 了解机器视觉的概念和应用；
2. 了解图像的概念；
3. 了解人脸识别的概念和应用；
4. 掌握机器人 Yanshee 视觉函数的应用；
5. 能够调用机器人 Yanshee 视觉函数实现样本录入和人脸识别。

项目任务

1. 调用机器人视觉函数，实现机器人识别图像；
2. 调用机器人视觉函数，实现机器人识别人脸。

相关知识

7.1 机器视觉

7.1.1 机器视觉概述

随着科技飞速发展，人们不遗余力地将人类视觉能力赋予计算机、机器人或各种智能设备。人们希望人工智能像人一样思考和行动，那么首先就要先帮助机器"看懂这个世界"。

机器视觉是人工智能领域正在快速发展的一个分支。通俗地来说，机器视觉就是用机器代替人眼来对事物进行观察、测量和判断。

机器视觉系统是通过视觉产品（即图像摄取装置）将被摄取目标转换成图像信号传送给专用的图像处理系统，得到被摄目标的形态信息，根据像素分布、亮度和颜色等信息，转变成数字化信号；图像处理系统对这些信号进行各种运算来抽取目标的特征，进而根据判别的结果来控制现场的设备动作。机器视觉系统如图 7-2 所示。

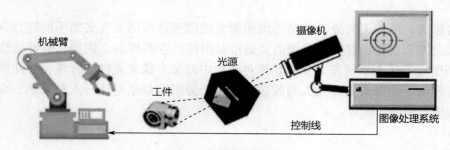

图 7-2 机器视觉系统

常见机器视觉系统主要分为两类：一类是基于计算机的，如工控机或 PC，另一类是更加紧凑的嵌入式设备。典型的基于工控机的工业视觉系统主要包括：光学系统、摄像机和工控机（包含图像采集、图像处理和分析、控制 / 通信）等单元。机器视觉系统要求核心的图像处理算法准确、快捷和稳定，同时还要求系统的实现成本低、升级换代方便。约 80% 的工业视觉系统主要用在检测方面，包括用于提高生产效率、控制生产过程中的产品品质、采集产品资料等。产品的分类和选择也集成于检测功能中。

7.1.2 机器视觉应用

1. 图像分类

图像分类是根据图像的语义信息对不同类别图像进行区分，是机器视觉中重要的基础问题，是物体检测、图像分割、物体跟踪、行为分析、人脸识别等其他高层视觉任务的基础。

图像分类在许多领域都有着广泛的应用。如：安防领域的人脸识别和智能视频分析、交通领域的交通场景识别、互联网领域基于内容的图像检索和相册自动归类、医学领域的图像识别等。

2. 目标检测

目标检测任务的目标是给定一张图像或一个视频帧，让计算机找出其中所有目标的位置，并给出每个目标的具体类别。多目标检测如图 7-3 所示。对于人类来说，目标检测是一个非常简单的任务。然而，计算机能够"看到"的是图像被编码之后的数字，很难理解图像或视频帧中出现了人或是物体这样的高层语义概念，也就更加难以定位目标出现在图像中哪个区域。

图 7-3　多目标检测

与此同时，由于目标会出现在图像或视频帧中的任何位置，目标的形态千变万化，图像或视频帧的背景千差万别，诸多因素都使目标检测对计算机来说是一个具有挑战性的问题。

3. 语义分割

顾名思义，图像语义分割就是将图像像素按照表达的语义含义的不同进行分组和分割。语义分割示例如图 7-4。图像语义是指对图像内容的理解，例如，能够描绘出什么物体在哪里做了什么事情等。分割是指对图片中的每个像素点进行标注，标注属于哪一类别。近年来，图像语义在无人驾驶技术中用于分割街景来避让行人和车辆，在医疗影像分析中用于辅助诊断等。

图7-4　语义分割示例

4.场景文字识别

许多场景图像中包含着丰富的文本信息，对理解图像信息有着重要作用，能够极大地帮助人们认知和理解场景图像的内容。场景文字识别是在图像背景复杂、分辨率低下、字体多样、分布随意等情况下，将图像信息转化为文字序列的过程。车牌识别如图7-5所示。场景文字识别可认为是一种特别的翻译过程：将图像输入翻译为自然语言输出。场景图像文字识别技术的发展也促进了一些新型应用的产生，如通过自动识别路牌中的文字帮助街景应用获取更加准确的地址信息等。

图7-5　车牌识别

7.1.3　图像相关概念

1.图像

图像是人类视觉的基础，是自然景物的客观反映，是人类认识世界和人类本身的重要源泉。"图"是物体反射或透射光的分布，"像"是人的视觉系统所接受的图在人脑中所形成的印象或认识。照片、绘画、剪贴画、地图、书法作品、手写汉字、传真、卫星云图、影视画面、X 光片、脑电图、心电图等都是图像。图像可以分为模拟图像和数字图像，通过摄像头获得的图像一般为数字图像。图像的格式一般为 bmp、jpg、gif、jpeg、png、raw 等。

2. 像素

像素是图像的最小单元。在整个图像中，可以将像素看作是一个颜色单一并且不能再分割成更小元素或单位的小格，单位面积内的像素越多代表分辨率越高，所显示的影像就越清晰。

图 7-6 所示图片分辨率是 329×494，表示图片是由一个 329×494 的像素矩阵构成的，这张图片的宽度是 329 个像素的长度，高度是 494 个像素的长度。图像表示是图像信息在计算机中的表示和存储方式。黑白图、灰度图、彩色图都有不同的表示方式。

属性	值
来源	
拍摄日期	
图像	
分辨率	329 × 494
宽度	329 像素
高度	494 像素
位深度	32

图 7-6　图片的像素属性

黑白图像的每个像素只有一个分量，且只用 1 个二进制位表示，如图 7-7 所示，其取值仅"0"（黑）和"1"（白）两种。

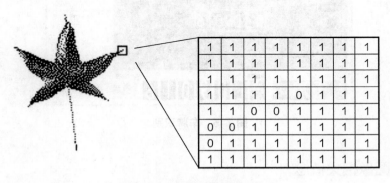

图 7-7　黑白图像的像素分量

灰度图像的每个像素也只有一个分量，一般用 8~12 个二进制位表示，其取值范围为 $0\sim2^n-1$，可表示 2^n 个不同的亮度。如图 7-8 所示是从 0（黑色）~255（白色）之间的 256 级灰度级别的一种。

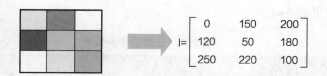

图 7-8 灰度图像素

彩色图像中的每个像素有三个分量，分别表示三个基色 RGB（红、绿、蓝）的亮度。假设 3 个分量分别用 n、m、k 个二进制位表示，则可表示 2^{n+m+k} 种不同的颜色。

3. 分辨率

分辨率泛指量测或显示系统对细节的分辨能力，可以用于时间、空间等领域的量测。日常用语中的分辨率多用于影像的清晰度，亦即图像所包含的像素数目，使用水平分辨率 × 垂直分辨率表示。在显示比例相同时，显示在屏幕上的图像尺寸与图像分辨率成正比，不同分辨率的图像显示如图 7-9 所示。分辨率越高代表影像质量越好，越能表现出更多的细节；但相对的，因为记录的信息越多，文件也就会越大。

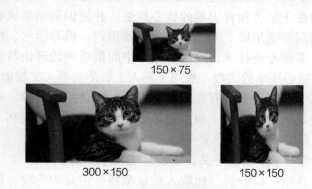

150×75

300×150   150×150

图 7-9 不同分辨率的图像显示

描述分辨率的单位有：dpi（点每英寸）、lpi（线每英寸）、ppi（像素每英寸）和 PPD（Pixels Per Degree，角分辨率），但只有 lpi 描述光学分辨率的尺度。虽然 dpi 和 ppi 也属于分辨率范畴内的单位，但是它们的含义与 lpi 不同，而且 lpi 与 dpi 无法换算，只能凭经验估算。

4. 像素深度

像素深度是指存储每个像素所用的位数，也用它来度量图像的分辨率。像素深度决定彩色图像的每个像素可能有的颜色数，或者确定灰度图像的每个像素可能有的灰度级数。

例如，一幅彩色图像的每个像素用 R（红）、G（绿）、B（蓝）三个分量表示，若每个分量用 8 位，那么一个像素共用 24 位表示，就说像素的深度为 24，每个像素可以是 16 777 216（2 的 24 次方）种颜色中的一种。在这个意义上，往往把像素深度说成是图像深度，表示一个像素的位数越多，它能表达的颜色数目就越多，而它的深度就越深。

三类图像参数见表 7-1。

表 7-1　三类图像参数表

图像类型	像素组成	像素深度（位数）	颜色空间
黑白图像	仅 1 个分量	1 位	不适用
灰度图像	仅 1 个分量	2~12 位	不适用
彩色图像	3 个分量以上	8~36 位	RGB、CMY、YUV 等

7.2　人脸识别技术

7.2.1　人脸识别技术概述

人脸识别系统的研究始于 20 世纪 60 年代，20 世纪 80 年代后随着计算机技术和光学成像技术的发展得到提高，而真正进入初级应用阶段则是在 20 世纪 90 年代后期；人脸识别系统成功的关键在于是否拥有尖端的核心算法，并使识别结果具有实用化的识别率和识别速度；人脸识别系统集成了人工智能、机器识别、机器学习、模型理论、专家系统、视频图像处理等多种专业技术，同时需结合中间值处理的理论与实现，是生物特征识别的最新应用，其核心技术的实现，展现了弱人工智能向强人工智能的转化。

生物识别技术已广泛应用于政府、军队、银行、社会福利保障、电子商务、安全防务等领域。随着人脸识别技术更进一步的成熟以及社会认同度的提高，这项技术更广泛地应用于住宅管理、自助服务、信息安全等。

人脸识别技术没有一个严格的定义，一般有狭义与广义之分。

狭义的表述一般是指：以分析与比较人脸视觉特征信息为手段，进行身份验证或查找的一项计算机视觉技术。人脸识别技术可被认为是一种身份验证技术，它与指纹识别、声纹识别、指静脉识别、虹膜识别等均属于同一类技术，即生物信息识别技术。

生物信息识别的认证方式与传统的身份认证方式相比具有很多显著优势。例如传统的密钥认证、识别卡认证等存在易丢失、易被伪造、易被遗忘等缺点。而生物信息则是人类与生俱来的一种属性，并不会被丢失和遗忘。并且作为生物信息识别之一的人脸识别又具有对采集设备要求不高（最简单的方式只需要能够拍照的设备即可）、采集方式简单等特点。这也是虹膜识别、指纹识别等方式所不具备的优点。

人脸识别的广义表述是：在图片或视频流中识别出人脸，并对该人脸图像进行一系列相关操作的技术。例如，在进行人脸身份认证时，不可避免地会经历诸如图像采集、人脸检测、人脸定位、人脸提取、人脸预处理、人脸特征提取、人脸特征对比等步骤，这些都可以认为是人脸识别的范畴。

7.2.2　人脸识别技术流程

如图 7-10 所示，人脸识别技术的主要流程包括图像获取、人脸图像预处理、人脸图像特征提取、特征对比和人脸识别结果输出。

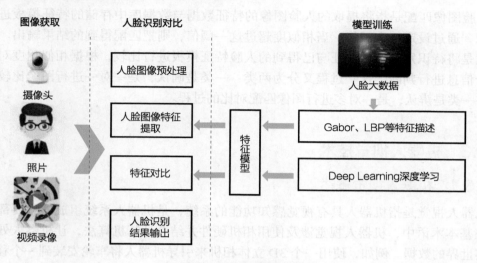

图 7-10　人脸识别的技术流程

1. 人脸图像采集

当用户在采集设备的拍摄范围内时，采集设备会自动搜索并拍摄用户的人脸图像。不同的人脸图像都能通过摄像镜头采集下来，比如静态图像、动态图像，不同的位置、不同表情等方面的图像都可以得到很好的采集。

2. 人脸检测

人脸检测在实际中主要用于人脸识别的预处理，即在图像中准确标定出人脸的位置和大小。人脸图像中包含的模式特征十分丰富，如直方图特征、颜色特征、模板特征、结构特征及 Haar 特征等。人脸检测就是把其中有用的信息挑出来，并利用这些特征实现人脸检测。

3. 人脸图像预处理

人脸的图像预处理是基于人脸检测结果，对图像进行处理并最终服务于特征提取的过程。系统获取的原始图像由于受到各种条件的限制和随机干扰，往往不能直接使用，必须在图像处理的早期阶段对它进行灰度校正、噪声过滤等图像预处理。对于人脸图像而言，其预处理过程主要包括人脸图像的光线补偿、灰度变换、直方图均衡化、归一化、几何校正、滤波以及锐化等。

4. 人脸图像特征提取

人脸识别系统可使用的特征通常分为视觉特征、像素统计特征、人脸图像变换系数特征、人脸图像代数特征等。人脸特征提取就是针对人脸的某些特征进行的。人脸特征提取，也称人脸表征，它是对人脸进行特征建模的过程。人脸特征提取的方法归纳起来分为两大类：一种是基于知识的表征方法；另外一种是基于代数特征或统计学习的表征方法。

5. 人脸图像匹配与识别

人脸图像匹配是指将提取的人脸图像的特征数据与数据库中存储的特征模板进行搜索匹配，通过设定一个阈值，当相似度超过这一阈值，则把匹配得到的结果输出。人脸识别就是将待识别的人脸特征与已得到的人脸特征模板进行比较，根据相似程度对人脸的身份信息进行判断。这一过程又分为两类：一类是确认，是一对一进行图像比较的过程，另一类是辨认，是一对多进行图像匹配对比的过程。

7.3　机器人视觉技术

7.3.1　机器人视觉概述

机器人视觉是指机器人具有视觉感知功能的系统，是机器人系统组成的重要部分之一。在基本术语中，机器人视觉涉及使用相机硬件并结合计算机算法，让机器人处理来自现实世界的数据。例如，使用一个 3D 立体相机来引导机器人将车轮安装到一个移动中的车辆上。

7.3.2　机器人视觉接口函数

本书以智能人形服务机器人 Yanshee 为例，介绍机器人视觉相关接口函数及其使用方法。

1. 图像处理函数

在机器人 Yanshee 中，与图像处理相关的 YanAPI 接口有 8 个，见表 7-2，本书将对其中 4 个进行讲解。

表 7-2　图像处理相关 YanAPI

序号	功能	函数名
1	删除指定名称的图片	delete_vision_photo
2	获取指定名称的照片，并保存到特定路径下面	get_vision_photo
3	拍一张照片	take_vision_photo
4	获取机器人照片列表	get_vision_photo_list
5	删除指定名称的样本照片	delete_vision_photo_sample
6	获取样本照片列表	get_vision_photo_samples
7	上传样本图片到特定文件夹	upload_vision_photo_sample
8	给已有样本图片打标签	set_vision_tag

（1）get_vision_photo。

函数功能：获取指定名称的照片，并保存到特定路径下面。

语法格式：

```
get_vision_photo(name: str, savePath: str = './')
```

参数说明：

① name (str)——照片名称。

② path (str) ——照片本地存储路径。

返回：二进制图片内容。

（2）take_vision_photo。

函数功能：拍一张照片，默认存储路径为 /tmp/photo。

语法格式：

```
take_vision_photo(resolution: str = '640×480')
```

参数说明：

resolution (str)——照片分辨率，默认拍照分辨率为"640×480"，最大拍照分辨率为"1920×1080"。

返回类型：dict，其返回说明如下所示。

```
{
     code:integer 返回码：0 表示正常
     data:
         {
             name:string 照片文件名称
         }
     msg:string 提示信息
}
```

take_vision_photo、get_vision_photo 函数可搭配使用，如图 7-11 所示。

```
In [10]:  import YanAPI

          ip_addr = "127.0.0.1" # please change to your yanshee robot IP
          YanAPI.yan_api_init(ip_addr)
          #先拍照一张
          res = YanAPI.take_vision_photo()
          print(res)

          {'data': {'name': 'img_20210303_070408_6231.jpg'}, 'code': 0, 'msg': 'Success'}
```

图 7-11 拍照程序及结果

如图 7-12 所示，当 take_vision_photo 函数的返回值 ["code"]=0 时，代表拍照成功，此时可使用 get_vision_photo 函数获取照片地址及文件名。

```
if(res["code"] == 0 ):
    #获取拍照数
    path = "/tmp/"
    YanAPI.get_vision_photo(res["data"]["name"], path)
    photo = path + res["data"]["name"]
    print(photo)
else:
    print(res["msg"])
```

/tmp/img_20210125_130520_1760.jpg

图 7-12 获取照片地址

（3）upload_vision_photo_sample。

函数功能： 上传样本图片到特定文件夹，默认为 Sample 文件夹。

语法格式：

```
upload_vision_photo_sample(filePath: str)
```

参数说明： filePath (str)——需要上传的文件路径。

返回类型： dict，其返回说明如下所示。

```
{
    code:integer 返回码：0表示正常
    data:{}
    msg:string 提示信息
}
```

（4）set_vision_tag。

函数功能： 给已有样本图片打标签。

语法格式：

```
set_vision_tag(resources: List[str], tag: str)
```

参数说明：

① resources (list[str])——需要打标签的样本图片名称列表。

② tag (str)——标签名称。

返回类型： dict，其返回说明如下所示。

```
{
    code:integer 返回码：0表示正常
    data:{}
    msg:string 提示信息
}
```

使用 upload_vision_photo_sample、set_vision_tag 函数可以上传人脸样本并打上姓名标签，如图 7-13 所示。

```
#上传人脸样本到数据库
YanAPI.upload_vision_photo_sample(photo)
#为图片数据打tag
YanAPI.set_vision_tag([photo_name],name)
```

图 7-13　上传人脸样本并打上姓名标签

2. 人脸识别函数

在机器人 Yanshee 中，与人脸识别相关的 YanAPI 有以下 4 个，见表 7-3。

表 7-3　人脸识别相关 YanAPI

序号	功能	函数名
1	获取视觉任务结果	get_visual_task_result
2	开始人脸识别	start_face_recognition
3	停止人脸识别	stop_face_recognition
4	执行人脸识别并获取返回结果	sync_do_face_recognition

（1）get_visual_task_result。

函数功能：获取视觉任务结果。

语法格式：

```
get_visual_task_result(option: str, type: str)
```

参数说明：

① option (str)——可选项。

② type (str)——任务类型。

参数列表见表 7-4。

表 7-4　参数列表

可选项	任务类型
face	age/gender/age_group/quantity/expression/recognition/tracking/mask/glass
object	recognition
color	color_detect
hand	gesture

返回类型：dict，返回说明如下所示。返回值列表见表 7-5。

```
{
    code: integer 返回码：0 表示正常
    type:string 消息类型，一次只返回一种类型的数据。
    data:
        {
            analysis:{
                        age: integer
                        group: string
                        gender: string
                        expression: string
                    }
            recognition:{
                        name:string
                    }
            quantity: integer 数量（整数）
            color:
                [
                    {
                        name:string
                    }
                ]
        }
    timestamp:integer 时间戳，Unix 标准时间
    status: string 状态
    msg: string 提示信息
}
```

表 7-5　返回值列表

字段	字段说明
age	年龄数值
group	年龄段：baby/children/juvenile/youth/middle_age/old_age/none
gender	性别：male/female/none
expression	表情：happy/surprise/normal
color	颜色：black/gray/white/red/orange/yellow/green/cyan/blue/purple/none

（2）start_face_recognition。

函数功能：开始人脸识别。

语法格式：

```
start_face_recognition(type: str, timestamp: int = 0)
```

参数说明：

① type (str)——*任务类型*：recognition/ tracking/ gender/ age_group/ quantity/ color_detect/ age/ expression/ mask/ glass。

② timestamp (int)——时间戳，Unix 标准时间。

返回类型：dict，返回说明如下所示。

```
{
    code:integer 返回码: 0表示正常
    data:{}
    msg:string 提示信息
}
```

start_face_recognition、get_visual_task_result 函数搭配使用获取任务程序及结果如图 7-14 所示。

```
import YanAPI
YanAPI.start_face_recognition ("recognition")
res =YanAPI.get_visual_task_result("face","recognition")
print(res)

{'code': 0, 'timestamp': 1614755067, 'type': 'recognition', 'status': 'idle', 'data':
{'recognition': {'name': '李易'}}, 'msg': 'Success'}
```

图 7-14　获取任务程序及结果

（3）stop_face_recognition。

函数功能：停止人脸识别。

语法格式：

```
stop_face_recognition(type: str, timestamp: int = 0)
```

参数说明：

① type (str)——*任务类型*：recognition/ tracking/ gender/ age_group/ quantity/ color_detect/ age/ expression/ mask/ glass。

② timestamp (int)——时间戳，Unix 标准时间。

返回类型：dict，其返回说明如下所示。

```
{
    code:integer 返回码: 0表示正常
    data:{}
    msg:string 提示信息
}
```

（4）sync_do_face_recognition。

函数功能：执行人脸识别并获取返回结果。

语法格式：

```
sync_do_face_recognition(type: str)
```

参数说明： type (str)——任务类型：recognition/ tracking/ gender/ age_group/ quantity/ color_detect/ age/ expression/ mask/ glass。

返回类型： dict，其返回说明如下所示。

```
{
        code: integer 返回码：0表示正常
        type:string 消息类型，一次只返回一种类型的数据。
        data:
            {
                analysis: {
                            age: integer
                            group: string
                            gender: string
                            expression: string
                    mask: string 口罩识别结果：masked/unmasked/notmasked well
                    glass: string 眼镜识别结果：grayglass/normalglass/noglass
                            }
                quantity: integer 数量
            }
        timestamp:integer 时间戳，Unix标准时间
        status: string 状态
        msg: string 提示信息
}
```

使用 sync_do_face_recognition 函数进行人脸识别程序及结果如图 7-15 所示。人脸数据与录入的人脸进行配对，并返回人脸识别结果。

```
import YanAPI
res = YanAPI.sync_do_face_recognition("recognition")
print(res)

{'code': 0, 'timestamp': 1614755067, 'type': 'recognition', 'status': 'idle', 'data':
{'recognition': {'name': '李易'}}, 'msg': 'Success'}
```

图 7-15　人脸识别程序及结果

任务实施

所需设施 / 设备：2.4G 无线网络、智能人形机器人、无线键鼠（无线键盘、无线鼠标）、配套传感器、HDMI 线、计算机（已安装远程控制软件 VNC 客户端）、手机（已安装 Yanshee APP）。

任务 7.1 让机器人录入人脸样本图片

（1）打开 JupyterLab 软件。

（2）导入机器人头文件。

```
import YanAPI
```

（3）设置需要控制的机器人 IP 地址。

```
ip_addr = "127.0.0.1" # please change to your yanshee robot IP
YanAPI.yan_api_init(ip_addr)
```

（4）调用 take_vision_photo 函数拍照。

```
res = YanAPI.take_vision_photo()
print(res)
```

（5）上传样本图片，并给样本打标签。

```
if(res["code"] == 0 ):
        path = "/tmp/"
        YanAPI.get_vision_photo(res["data"]["name"], path)
        photo = path + res["data"]["name"]
        photo_name = res["data"]["name"]
        YanAPI.upload_vision_photo_sample(photo)
        YanAPI.set_vision_tag([photo_name], "李易")# 可根据实际情况修改标签
else:
        print(res["msg"])
```

（6）运行程序。

根据实际情况修改标签，人脸正视机器人摄像头并距离摄像头 30~50cm，录入人脸样本。如图 7-16 所示。

多次录入不同样本并打上标签，在 tmp 文件夹中可以看到录入的样本。如图 7-17 所示。

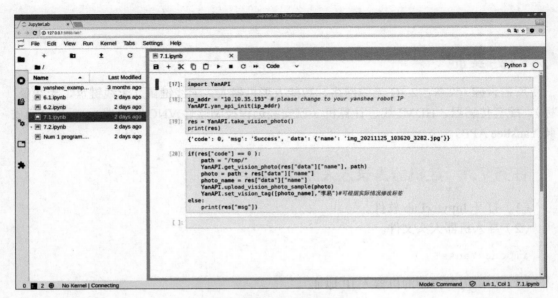

图 7-16   录入人脸样本

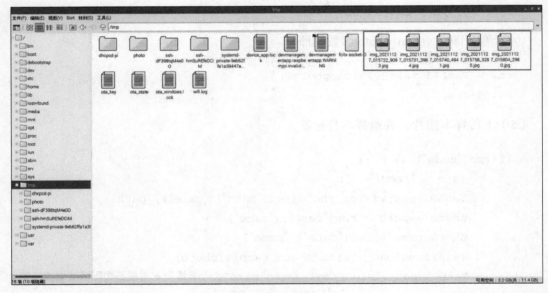

图 7-17   查看样本

任务 7.2   让机器人识别人脸

（1）打开 JupyterLab 软件。

（2）导入机器人头文件。

```
import YanAPI
```

（3）设置需要控制的机器人 IP 地址。

```
ip_addr = "127.0.0.1" # please change to your yanshee robot IP
YanAPI.yan_api_init(ip_addr)
```

（4）调用人脸识别接口函数 _sync_do_face_recognition。

```
res = YanAPI.sync_do_face_recognition ("recognition")
```

（5）解析识别结果，获取样本标签。

```
name_val = res["data"]["recognition"]["name"]
if name_val != "" :
    print("\n 识别到结果为：")
    print(res["data"]["recognition"]["name"])
else:
    print("\n 没有发现可识别人脸")
```

（6）运行程序。

运行程序，人脸正视机器人摄像头并距离摄像头 30~50cm，观察人脸识别结果，如图 7-18 所示。

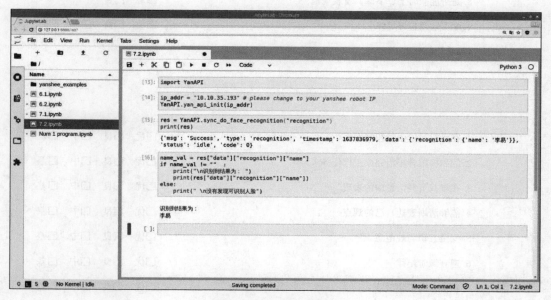

图 7-18 人脸识别结果

任务评价

完成本项目中的学习任务后，请对学习过程和结果的质量进行评价和总结，并填写评价反馈表（见表 7-6）。自我评价由学习者本人填写，小组评价由组长填写，教师评价由任课教师填写。

表 7-6　评价反馈表

班级		姓名		学号		日期	
自我评价	1. 能阐述机器视觉的概念和应用、图像的概念					□是　□否	
	2. 能阐述人脸识别技术的概念和流程					□是　□否	
	3. 掌握机器人 Yanshee 视觉函数的应用					□是　□否	
	4. 能够调用机器人 Yanshee 视觉函数，录入人脸样本并打标签					□是　□否	
	5. 能够调用机器人 Yanshee 视觉函数，进行人脸识别					□是　□否	
	6. 在完成任务的过程中遇到了哪些问题？是如何解决的？						
	7. 是否能独立完成工作页 / 任务书的填写					□是　□否	
	8. 是否能按时上、下课，着装规范					□是　□否	
	9. 学习效果自评等级					□优　□良　□中　□差	
	10. 总结与反思						
小组评价	1. 在小组讨论中能积极发言					□优　□良　□中　□差	
	2. 能积极配合小组完成工作任务					□优　□良　□中　□差	
	3. 在查找资料信息中的表现					□优　□良　□中　□差	
	4. 能够清晰表达自己的观点					□优　□良　□中　□差	
	5. 安全意识与规范意识					□优　□良　□中　□差	
	6. 遵守课堂纪律					□优　□良　□中　□差	
	7. 积极参与汇报展示					□优　□良　□中　□差	
教师评价	综合评价等级： 评语： 教师签名：　　　　日期：						

项目习题

一、选择题

1. 以下文件扩展名属于图像格式的是（　　　　）。（多选题）

   A. bmp　　　　　　　　　　　　　B. jpg

   C. gif　　　　　　　　　　　　　D. png

2. 人脸识别技术包含（　　　　）技术。（多选题）

   A. 人脸图像采集与检测　　　　　B. 人脸图像预处理

   C. 人脸图像特征提取　　　　　　D. 人脸图像匹配与识别

3. 常用于人脸检测的特征包含(　　　　)等。

   A. HOG 特征　　　　　　　　　　B. HAAR 特征

   C. LBP 特征　　　　　　　　　　D. FLL 特征

4. 在机器人 Yanshee 中，（　　　　）属于与人脸识别相关的 YanAPI。

   A. get_visual_task_result　　　　B. start_face_recognition

   C. stop_face_recognition　　　　D. sync_do_face_recognition

5. 在机器人 Yanshee 中，（　　　　）不属于与人脸识别相关的 YanAPI。

   A. get_vision_photo　　　　　　B. take_vision_photo

   C. upload_vision_photo_sample　　D. sync_do_face_recognition

6. 在机器人 Yanshee 中，以下与人脸识别相关的函数（　　　　）是获取视觉任务结果。

   A. get_visual_task_result　　　　B. start_face_recognition

   C. stop_face_recognition　　　　D. sync_do_face_recognition

二、判断题

1. 机器视觉是指用摄影机和计算机代替人眼对目标进行识别、跟踪和测量等，并进一步做图形处理，使计算机处理成为更适合人眼观察或传送给仪器检测的图像。（　　　）

2. 在机器人 Yanshee 中，与照片相关的 YanAPI 有 7 个，其中拍一张照片的 API 为 get_vision_photo。（　　　）

3. 人脸识别技术广泛地应用于住宅管理、自助服务、信息安全等领域。（　　　）

项目八
帮服务机器人做维护

【项目导入】

　　服务机器人虽然是智能设备，但如同其他设备一样，在日常规范操作的同时，也需要进行定期的维护甚至维修，这样才能保证其最佳性能，甚至能延长其生命周期。若服务机器人没有进行定期的预防性措施，可能会导致零部件损坏或异常故障，致使整机功能故障甚至停机。

　　近年来，我国服务机器人公司蓬勃发展，大多公司已经建立完备的产品全周期保障体系，设立专门的售后服务部门、技术支持和维修部门等。而服务机器人的售后工程师的职责，就是观察服务机器人的故障现象、分析及排查故障原因，根据不同的故障原因启动不同的处理方案，更好地服务机器人，更好地满足客户的使用需求。

　　在本项目中，我们将学习如何帮服务机器人做维护，全面了解服务机器人清洁保养、维修的方法和注意事项，并通过典型故障案例掌握服务机器人维修保养的知识和技能。服务机器人拆机维修如图8-1所示。

图8-1　服务机器人拆机维修

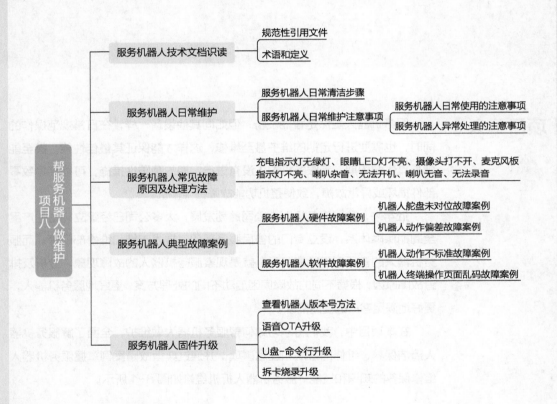

```
                                          规范性引用文件
                     服务机器人技术文档识读
                                          术语和定义

                                          服务机器人日常清洁步骤          服务机器人日常使用的注意事项
                     服务机器人日常维护
                                          服务机器人日常维护注意事项       服务机器人异常处理的注意事项

  帮                                       充电指示灯无绿灯、眼睛LED灯不亮、摄像头打不开、麦克风板
  服        项         服务机器人常见故障       指示灯不亮、喇叭杂音、无法开机、喇叭无音、无法录音
  务        目         原因及处理方法
  机        八
  器                                                                 机器人舵盘未对位故障案例
  人                                       服务机器人硬件故障案例
  做                   服务机器人典型故障案例                              机器人动作偏差故障案例
  维
  护                                       服务机器人软件故障案例          机器人动作不标准故障案例
                                                                 机器人终端操作页面乱码故障案例

                                          查看机器人版本号方法

                                          语音OTA升级
                     服务机器人固件升级
                                          U盘-命令行升级

                                          拆卡烧录升级
```

学习目标

1. 了解服务机器人的相关术语及定义；
2. 掌握服务机器人日常清洁的步骤和注意事项；
3. 熟悉服务机器人常见故障原因和处理方法；
4. 了解服务机器人常见的硬软件故障案例。
5. 能进行服务机器人日常清洁、维护；
6. 能发现服务机器人的故障现象并分析故障原因；
7. 能排查服务机器人故障原因并对故障进行处理、总结排故经验；
8. 能对服务机器人进行固件升级操作。

项目任务

1. 清洁维护服务机器人；
2. 设计制作《服务机器人日常维护注意事项提示卡》；
3. 机器人充电指示灯无绿灯故障处理；
4. 机器人系统恢复处理。

相关知识

8.1　服务机器人技术文档识读

在学习服务机器人相关知识的过程中，除了需要熟悉一些常见的概念及术语外，还需要清楚地知道专业的表达以便能够识读相关专业文档、深入探索知识及钻研技能。依据《服务机器人实施与运维职业技能等级标准（2021 年 1.0 版）》，服务机器人实施与运维领域技术文档识读需基于以下基本认知。

8.1.1　规范性引用文件

服务机器人实施与运维领域常用的规范和标准源自以下文件（注意：凡是注日期的引用文件，参考注日期的版本；凡是不注日期的引用文件，参考其最新版本）。

GB/T 36530—2018《机器人与机器人装备　个人助理机器人的安全要求》

GB/T 38124—2019《服务机器人性能测试方法》

GB/T 38260—2019《服务机器人功能安全评估》

GB/T 38834.1—2020《机器人—服务机器人性能规范及其试验方法　第 1 部分：轮

式机器人运动》
    GB/T12643—2013《机器人与机器人装备　词汇》
    GB/T 7665《传感器专用术语》
    GB/T 16977—2019《机器人和机器人装备坐标系和运动命名原则》
    部分服务机器人实施与运维领域常用的规范和标准封面如图 8-2 所示。

图 8-2　部分服务机器人实施与运维领域常用的规范和标准封面

8.1.2　术语和定义

服务机器人实施与运维领域常用术语及其定义如下。

1. 机器人 Robot [GB/T 36530—2018, 定义 3.2]

具有两个或者两个以上可编程的轴，以及一定程序的自主能力，可在其环境内运动以执行预定任务的执行机构。

2. 服务机器人 Service Robot

服务机器人指用于非工业生产，具备半自主或全自主工作模式，可在非结构化环境中为人类或设备提供有益服务的机器人。

3. 应用 Application

应用是指机器人系统的预期使用，即机器人系统的加工工艺、任务和预期的目的。

4. 零点

零点是指机器人运动的原点。

5. 标定

标定是指使用标准的计量仪器对所使用机器人的准确度（精度）进行校准的过程。

6. 导航 Navigation [GB/T 12643—2013，定义 7.6]

导航是指依据定位和环境地图决定并控制行走方向。

7. 环境地图 Environment Map

环境地图是指利用可分辨的环境特征来描述环境的地图或模型。

8. 定位 Localization [GB/T 38124—2019，定义 3.7]

定位是指在环境地图上识别或分辨移动机器人的位姿。

9. 传感器 [GB/T 7665，定义 3.1.1]

传感器是能感受规定的被测量并按照一定的规律转换成可用信号的器件或装置，通常由敏感元件和转换元件组成。

8.2　服务机器人日常维护

8.2.1　服务机器人日常清洁步骤

为减少服务机器人的耗损，延长服务机器人的使用寿命，需按照以下操作定期对服务机器人进行清洁维护。

（1）保证服务机器人为非充电状态下，使机器人 Yanshee 站立并关机如图 8-3 所示。

（2）将机器人 Yanshee 平躺放置水平桌面上，如图 8-4 所示。

图 8-3　机器人 Yanshee 站立关机状态　　图 8-4　机器人 Yanshee 平躺放置状态

（3）用软湿布擦拭机器人各个关节及端子线部分，如图 8-5 所示，注意避免使用酸 / 碱性液体。

（4）用软干布擦干机器人各个关节及端子线部分。

（5）检查机器人 Yanshee 是否擦干，于通风处晾干后收至机器人 Yanshee 收纳箱内，如图 8-6 所示。

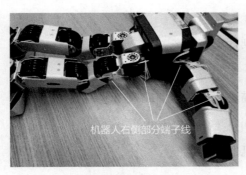

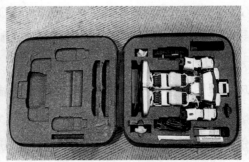

图 8-5 用软湿布擦拭机器人 Yanshee　　图 8-6　机器人 Yanshee 装入收纳箱
各个关节及端子线部分

8.2.2 服务机器人日常维护注意事项

1. 服务机器人日常使用的注意事项

无论是作为服务机器人的使用用户，还是作为服务机器人领域的从业者，都需要清楚地知晓服务机器人在日常操作中的维护注意事项，才能更安全、正确地应用服务机器人。在与服务机器人接触的过程中需要注意以下事项。

（1）按照正确方式拿取机器人，如图 8-7 所示。

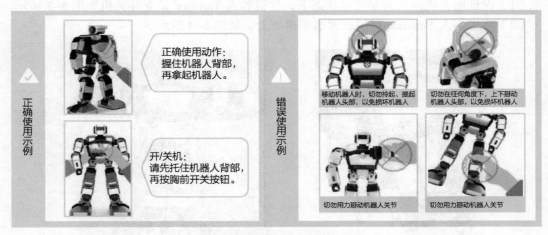

图 8-7　机器人正确拿取方式

（2）使用机器人时，需远离火源，同时注意保持产品的干燥和清洁。

（3）在平整的地面或桌面上运行机器人，切勿将机器人置于倾斜面或者边沿处。

（4）当机器人在运行时，与之保持适当距离，防止被撞伤。

（5）当机器人在运行时，勿强行掰动关节，以防夹伤自己或者损坏机器，如图 8-7 所示。

（6）打开摔倒管理功能后，机器人会在检测到身体大幅前后倾斜时自动爬起，爬起过程中机器人动作较大，存在夹手风险，务必留意，如图 8-8 所示。

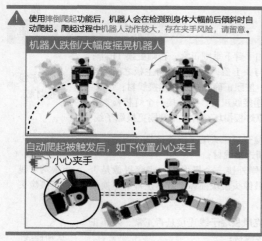
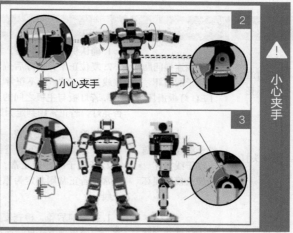

图 8-8　夹手风险注意

（7）使用机器人配备的原装充电器为机器人充电。

2. 服务机器人异常处理的注意事项

作为服务机器人的学习使用用户，在使用服务机器人的过程中若遇到紧急或异常情况，还需要注意以下事项。

（1）机器人关节的伺服舵机为精密产品，切勿擅自拆装；如需维修机器人，可到就近售后服务点，或与产品售后服务处联系。

（2）在调试过程中，如果机器人出现异常情况，请立即按压紧急停止按钮，并切断电源，以防夹伤自己或损坏机器。

（3）机器人出现非常见的故障，可以选择去附近的售后点验查或者选择寄修。

8.3　服务机器人常见故障原因及处理方法

作为服务机器人领域从业者，尤其是服务机器人实施与运维岗位相关从业者，需要掌握服务机器人故障分析及处理的方法。表 8-1 为机器人 Yanshee 常见故障现象的原因分析及故障处理方法，在使用机器人 Yanshee 的过程中，如遇故障可以先通过查询表格对故障进行初步判断并处理。

表 8-1　机器人 Yanshee 常见故障原因及其处理方法

故障现象	可能故障原因	排查原因措施	故障处理方法
充电指示灯无绿灯	电池问题 主板指示灯破裂	1. 断开电池，直接使用适配器供电，观察指示灯颜色，红绿交替为正常； 2. 断开电池如果正常，更换电池；否则更换主板	更换电池 更换主板

（续）

故障现象	可能故障原因	排查原因措施	故障处理方法
眼睛 LED 灯不亮	端子线连接问题 端子线损坏 LED 灯板损坏	1. 确认机器复位状态，如手臂下垂则正常，否则更换 TF 卡； 2. 复位正常，拆除后盖与头上盖，检查灯板与主板之间的连接线是否正常，若不正常，按照正确方式重新连接线材； 3. 若灯板与主板之间的连接线正常，则外接一个灯板检查是否亮灯，若正常则判定为原灯板损坏；若不正常则更换端子线	更换端子线 更换灯板
摄像头打不开	端子线连接问题 端子线损坏 摄像头模块损坏	1. 拆除后盖与头上盖，检查摄像头端子线连接是否正常，若不正常，按照正确方式重新连接线材； 2. 若端子线连接正常，则外接一个摄像头，观察摄像是否正常，若正常则判定为原摄像头模块损坏；若不正常则更换端子线	重新连线 更换端子线 更换摄像头
麦克风板指示灯不亮	端子线连接问题 端子线损坏 麦克风板损坏	1. 拆除前后盖，检查麦克风板端子线连接是否正常，若不正常，按照正确方式重新连接线材； 2. 若端子线连接正常，则更换麦克风板，测试麦克风板灯是否正常； 3. 若正常则判定为原麦克风板损坏；若不正常则更换端子线	重新连线 更换端子线 更换麦克风板
喇叭杂音	端子线损坏 麦克风板损坏 树莓派板损坏	1. 拆除前后盖，更换麦克风板与主板连线，重新检查录音，若正常则判定为原端子线损坏； 2. 若不正常，更换麦克风板，重新检查录音，若正常则判定为原麦克风板损坏； 3. 若不正常，更换树莓派板，重新检查录音，若正常则判定为原树莓派板损坏	更换端子线 更换麦克风板 更换树莓派板
无法开机	端子线连接问题 端子线损坏 电池损坏	1. 拆除后盖，检查电池与主板之间的连接线是否正常，若不正常，按照正确方式重新连接线材； 2. 若正常则外接电池，重新开机，若不正常则判定为原端子线损坏； 3. 若正常则初步判定原电池损坏，测量其电压，若无电压则更换电池	重新连线 更换端子线 更换电池
喇叭无音	喇叭损坏 主板损坏	1. 拆除后盖，外接喇叭，重新检测喇叭，若正常则判定原喇叭损坏； 2. 若不正常则更换主板，重新检测喇叭，若正常则判定原主板损坏	更换喇叭 更换主板
无法录音	端子线连接问题 端子线损坏 MIC 麦克风板损坏 树莓派板损坏 主板损坏	1. 拆除前后盖，检查端子线连接是否正常，若不正常，按照正确方式重新连接线材； 2. 若正常则更换麦克风板，测试录音是否正常；如正常则判定为原麦克风板损坏； 3. 若不正常，更换端子线，测试录音是否正常；正常则判定为原端子线损坏； 4. 若不正常，更换主板，测试录音是否正常，正常则判定为原主板损坏； 5. 若不正常，更换树莓派板，测试录音是否正常，正常则判定为原树莓派板损坏	重新连线 更换端子线 更换麦克风板 更换树莓派板 更换主板

8.4　服务机器人典型故障案例

根据产生故障的原因，服务机器人的典型故障可以分为硬件故障和软件故障两大类。硬件故障需要对硬件设备进行检修或更换；软件故障需要对软件环境进行重新配置或者重装系统。服务机器人实施与运维岗位相关工作者需要在实践中探索、总结经验。

在实际工作中，对于服务机器人故障的处理流程为：

观察故障现象→分析故障原因→排查故障原因→处理故障→总结故障

8.4.1　服务机器人硬件故障案例

1. 机器人舵盘未对位故障案例

（1）观察故障现象。机器人 Yanshee 正常开机后，左臂舵机出现掉电状态，左臂可以自由抬降，出现异常现象，具体如图 8-9 所示。

（2）分析故障原因。针对以上异常现象，可能的主要原因分析如下：

1）左臂舵盘未对位，导致舵机进入掉电保护模式。

2）左臂对应舵机硬件故障，直接掉电。

3）左臂与身体连接 pin 线未连接或连接松动，导致手臂未上电。

（3）排查故障原因。对故障可能原因逐一进行排查，当打开手臂舵盘螺钉，发现左边手臂舵盘未正确对位，逆时针偏移一个孔位，具体如图 8-10 所示。

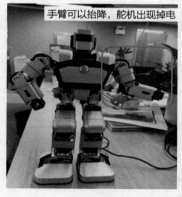

图 8-9　机器人 Yanshee 左臂异常

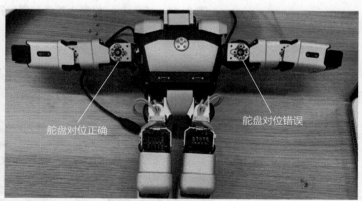

图 8-10　机器人 Yanshee 手臂舵盘对位

（4）故障处理。经对左臂舵盘进行正确对位后，故障恢复正常。

（5）故障总结。机器人 Yanshee 拆装过程中，手臂和腿部舵机需正确对位，舵盘上有 L0、L1、L2 三条指示线，其中 L0 为安装指示线，指向的安装孔定义为 H01，顺时针其余 3 个螺纹孔分别定为 H02、H03 和 H04；连接件上 H11、H12、H13、H14 孔为固定孔，其中 H15、H16 为参考孔；正确安装为连接件上的安装孔 H11、H12、H13、H14 与舵盘上螺纹孔 H01、H02、H03、H04 一一对应固定。具体如图 8-11 所示。

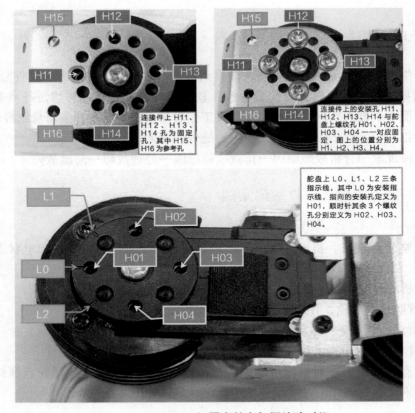

图 8-11　Yanshee 机器人舵盘与螺纹孔对位

2. 机器人动作偏差故障案例

（1）观察故障现象。需要机器人 Yanshee 执行平举手臂的动作，但在机器人执行过程中，其中一只手臂向下倾斜，具体现象如图 8-12 所示。

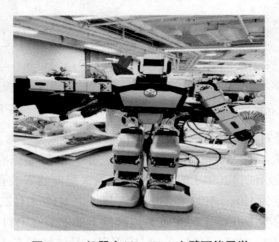

图 8-12　机器人 Yanshee 左臂不能平举

（2）分析故障原因。针对以上异常现象，可能的主要原因分析如下：

1）机器人安装存在差异，导致执行动作出现偏差。

2）舵机之间存在角度偏差。

3）舵机老化或者存在故障导致动作执行存在偏差。

（3）排查故障原因。首先拧开倾斜手臂装饰盖检查舵机对位，未发现舵机安装存在明显偏差。

（4）处理故障。针对原因分析，需更换舵机。由于机器人 Yanshee 舵机自身集成了舵机校正功能，可以优先通过舵机校正来尝试解决，经过对机器人 Yanshee 舵机进行校正后，手臂倾斜问题得到解决。

（5）总结故障。机器人 Yanshee 自身就集成了舵机校正功能，它的原理是通过设置舵机的偏差值，抵消舵机存在的实际误差，优先考虑通过 Yanshee APP 的舵机校正功能对舵机的角度进行重新校正。

在舵机校正界面中（见图 8-13），机器人会平举两臂，摆出校正姿势。理想的校正目标是机器人双手平直，手臂上方与肩平行，头部朝向正前方，两腿对称，膝盖半屈，脚掌与地面平齐；侧面看躯干中线落在脚掌中心上，如图 8-14 所示。

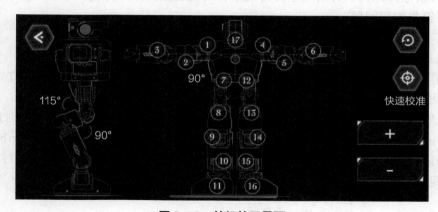

图 8-13　舵机校正界面

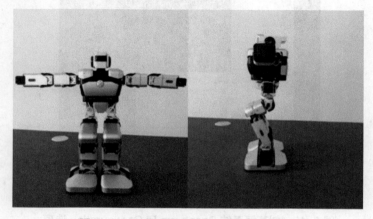

图 8-14　机器人 Yanshee 舵机校正姿态

8.4.2　服务机器人软件故障案例

1. 机器人动作不标准故障案例

（1）观察故障现象。机器人动作执行不标准、容易摔倒。

（2）分析故障原因。针对以上异常现象，可能的主要原因分析如下：

1）机器人动作文件本身不合理或有问题。

2）如果仅是某台机器人动作执行不标准，则判断是该机器人的问题。

（3）排查故障原因。首先检查机器人动作文件的设计是否合理。检查到动作文件合理，且其他机器人能正常执行这个动作文件。

（4）处理故障。打开 Yanshee APP "侧边栏——舵机校正"，对机器人进行舵机校准。

（5）总结故障。机器人舵机在长期使用过程可能产生虚位角度偏差，舵机偏差会造成机器人动作执行不到位、不标准、容易摔倒。优先通过 Yanshee APP 进行舵机校正。

2. 机器人终端操作页面乱码故障案例

（1）观察故障现象。机器人终端操作页面中文文本显示乱码 / 异常。

（2）分析故障原因。针对以上异常现象，可能的主要原因分析如下：

1）字符集编码问题。

2）文本文件格式不对。

3）文本文件编码方式与树莓派系统编码方式不一致。

（3）排查故障原因。根据以上可能的原因逐一排查，发现文本文件编码方式与树莓派系统编码方式不一致。

（4）处理故障。通常文本文件默认保存的编码都是 UTF-8 格式，打开机器人 Yanshee 树莓派桌面，单击左上角菜单栏，选择【首选项】-【Raspberry Pi Configuration】-【Localisation】-【Set Locale】-【Character Set】，选择 "UTF-8"，单击确定（见图 8-15~ 图 8-17），然后重启机器人。

图 8-15　树莓派系统 Raspberry Pi Configuration 选项

图 8-16　树莓派系统 Raspberry Pi
Configuration-Localisation 选项

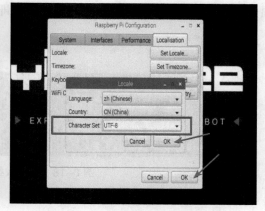

图 8-17　树莓派系统编码方式选择

（5）总结故障。中文文本文件的编码格式与树莓派系统的编码方式不一致会导致终端操作页面中文文本显示乱码，出现异常。

8.5　服务机器人固件升级

在使用服务机器人的过程中，难免会遇到机器人版本升级、语音 OTA 升级或系统异常等问题，这时需要通过服务机器人固件升级来解决。固件升级的方法有语音 OTA 升级、U 盘 – 命令行升级、拆卡烧录升级。表 8-2 列举了机器人 Yanshee 的版本号以及对应的可支持的版本升级方式。

表 8-2　机器人版本号及可支持的版本升级方式

机器人版本号	可支持的版本升级方式		
	语音 OTA 升级	U 盘 – 命令行升级	拆卡烧录升级
version ≤ 1.3.4	仅能够升级至 1.3.5	不支持	支持
1.3.4<version<1.6.0	支持	不支持	支持
1.6.0 ≤ version	仅能够升级 PC Blockly	支持	支持
version>1.6.0	支持	支持	支持

若机器人在语音 OTA 升级或者 U 盘 – 命令行升级过程中出现异常导致升级失败、机器人无法开机等问题，则只能通过拆卡烧录升级方式进行补救。

8.5.1　查看机器人版本号方法

1. 机器人终端查看方法

在当前机器人的树莓派系统中打开终端，输入命令：dpkg –l | grep ubt，回车执行。

如图 8-18 所示，机器人版本号为 2.2.0.100，即 V2.2.0。

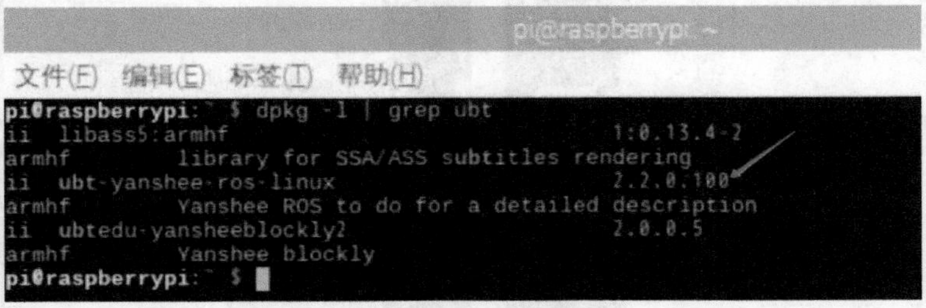

图 8-18　机器人终端查看方法

2. APP 查看方法

在 Yanshee APP 中连接上机器人，单击左侧边栏 – 设置 – 机器人信息，如图 8-19 所示，机器人版本号为 2.2.0.1，即 V2.2.0。

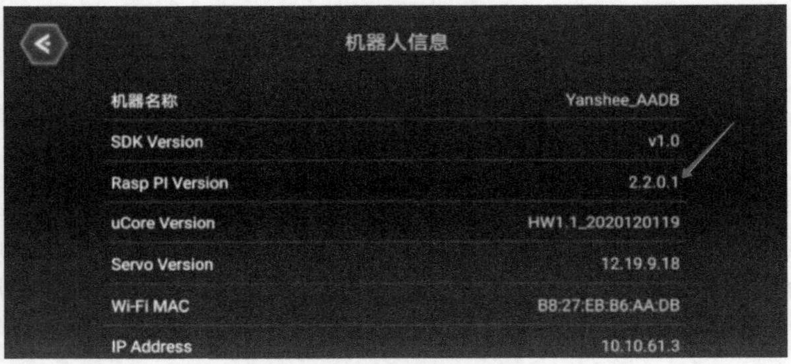

图 8-19　Yanshee APP 查看方法

8.5.2　语音 OTA 升级

1. 前期准备

提前另存好需要备份的个人数据、稳定的无线网络环境。

2. 机器人配网

首先为机器人连接上网络。

3. 语音指令

（1）为机器人连接上电源适配器，保证升级过程中机器人都处于充电状态。

（2）短按机器人胸前按钮，听到"叮"一声，机器人胸前按钮灯颜色转为绿色，然后对机器人说"版本升级"。

（3）当听到机器人语音回复"开始下载升级包"，则表示后台已成功启动升级包下载，过程耗时不定（为机器人连接上稳定且高速的网络有利于缩短耗时），之后根据语音播报提示操作即可。

（4）当听到机器人语音播报"升级包已下载，请保存数据后，按下胸前按钮并对我说：版本升级"，则再次短按机器人胸前按钮，对机器人说"版本升级"。

（5）当听到机器人语音回复"开始升级"，胸前按钮灯转为绿色，则表示升级流程正常启动，过程大概耗时15~20分钟，机器人升级完毕将自动重启树莓派系统。

（6）当听到机器人语音播报"Yanshee 启动完毕"、胸前按钮灯转为蓝色，则表示成功完成升级。

（7）若此次版本升级涉及 MCU，等待树莓派系统重启完毕后，机器人将语音播报提醒重启、并自动关机，则长按机器人胸前按钮进行重启，完成升级。

8.5.3　U 盘 – 命令行升级

1. 所需工具

U 盘、PC、HDMI 线、显示器、鼠标、键盘。

2. 前期准备

（1）在 Yanshee 官网下载 OTA 升级包，如图 8–20 所示。

图 8–20　Yanshee 官网下载 OTA 升级包

（2）确保机器人剩余可用内存空间在 2.5G 以上。

在当前机器人的树莓派系统中打开终端，输入命令：df –lh，回车执行。如图 8–21 所示，机器人剩余可用内存大小为 3.3G。

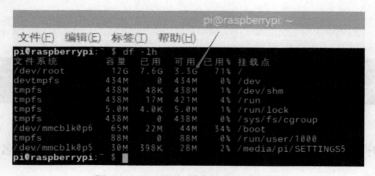

图 8–21　机器人剩余可用内存查看

3. U 盘准备

（1）通过 PC 将下载的安装包直接拷贝到 U 盘中（无需解压）。

（2）将 U 盘插入机器人胸侧的 USB 口。

4. 命令行输入

（1）通过 HDMI 线连接机器人与显示屏，通过机器人胸侧的 USB 接口连接鼠标和键盘，进入当前机器人的树莓派系统。

（2）打开文件资源管理器，进入安装包所在的文件目录，从地址栏复制该路径，如图 8-22 所示（图中所显示的 U 盘名字视实际情况而定）。

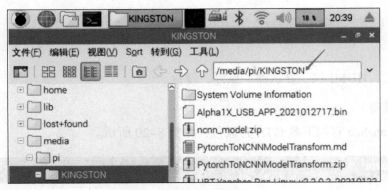

图 8-22　复制 U 盘路径

（3）打开命令行输入终端，进入安装包所在的文件目录，输入：【cd，空格，鼠标右键单击"粘贴"刚才复制的路径】，回车执行，如图 8-23 所示。

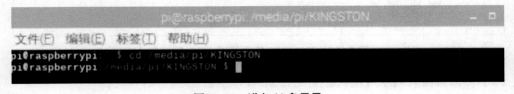

图 8-23　进入 U 盘目录

（4）获取 root 权限，输入：【sudo –s】，回车执行，如图 8-24 所示。

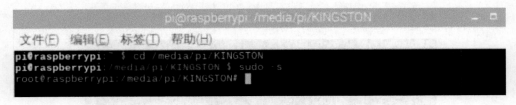

图 8-24　获取 root 权限

（5）进行升级操作，输入：【ubt–upgrade –f，空格，输入安装包的包名】，回车执行，如图 8-25 所示。

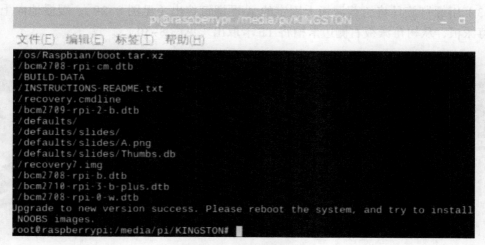

图 8-25　进行升级操作

（6）等待终端出现 "upgrade to new version success" 提示文本，则表示成功完成升级，如图 8-26 所示，可以拔出 U 盘，过程大概耗时 5 分钟。

图 8-26　等待完成升级

（7）进行系统重启操作，输入：【reboot】，回车执行。

（8）当听到机器人语音播报 "Yanshee 启动完毕"，则表示成功完成升级。

（9）若此次版本升级涉及 MCU，等待树莓派系统重启完毕后，机器人将语音播报提醒重启设备，则长按机器人胸前按钮进行重启，完成升级。

8.5.4　拆卡烧录升级

1. 前期准备

在 Yanshee 官网下载 OTA 升级包，在 PC 下载安装好 SD Card Formatter 格式化软件、十字螺钉旋具、TF 卡 – 读卡器。

2. 取出机器人 TF 卡

（1）先将机器人关机断电，用螺钉旋具将机器人两边 "肩膀" 的 4 颗螺钉拧出（见图 8-27），将机器人 "肩膀" 卸下。

（2）用螺钉旋具将机器人正面 "胸前" 的 4 颗螺钉拧出（见图 8-28），缓慢地向上翻抬起 "胸前盖"，可看到内置的树莓派板。

图 8-27　机器人肩膀螺钉

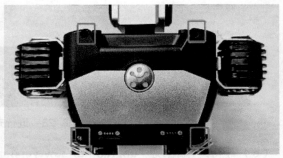

图 8-28　机器人胸前 4 颗螺钉

（3）用螺钉旋具将树莓派板上固定的 4 颗螺钉拧出（见图 8-29），缓慢地向上翻抬起树莓派板，从树莓派板右侧边卡槽将 TF 卡取出（见图 8-30）。

图 8-29　树莓派板上的 4 颗螺钉

图 8-30　机器人 TF 卡

2. 烧录 TF 卡

（1）将 TF 卡放到读卡器中，插入计算机 USB 口，如图 8-31 所示。

图 8-31　计算机读取 TF 卡

（2）打开 SD Card Formatter 软件（已自动选择 TF 卡），需要将 TF 卡格式化为 FAT32 格式。因为默认格式化为 FAT32 格式，所以直接单击"格式化（Format）"，如图 8-32 所示。完成结果如图 8-33 所示。TF 卡磁盘会自动弹出，此时磁盘为空，如图 8-34 所示。

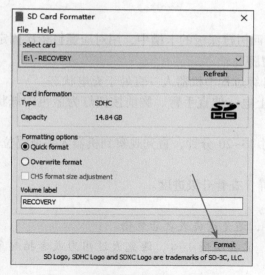

图 8-32 格式化机器人 TF 卡

图 8-33 机器人 TF 卡格式化完成

图 8-34 TF 卡磁盘为空

（3）将下载好的 OTA 安装包解压，把所有内容拷贝到 TF 卡磁盘中，如图 8-35 所示，等待拷贝完成后则正常弹出 USB 设备。

图 8-35 拷贝安装包内容到机器人 TF 卡

3. 转卡

（1）按照拆卡的反步骤，将 TF 卡重新装回树莓派板的卡槽中，用对应螺钉依次固定好树莓派板、机器人"胸前盖"和机器人"肩膀"。

（2）为机器人连接上电源适配器，保证升级过程中机器人一直处于充电状态。

（3）长按机器人胸前按钮，看到机器人上电、伸直手臂、胸前按钮灯为蓝色闪烁状态，则表示升级流程正常启动。

（4）等待机器人升级，整个过程大概耗时 15~20 分钟，直到观察到机器人关节复位、眼睛 LED 灯开启，则表示升级完成。

（5）可通过 HDMI 线连接机器人与显示屏，查看升级进度。

注意：

- 拆卡过程，拧出的螺钉要小心区分保存，避免遗失或之后装错。
- 翻抬机器人"胸前盖"和树莓派板时，需要缓慢小心，避免太过用力或者抬起角度过大破坏了连接线。
- 装卡过程中同样需要注意别压到或弄断连接线。

⟳ 任务实施

所需设施/设备：智能人形机器人、智能手机、计算机、软湿布、软干布、十字螺钉旋具、TF 卡 - 读卡器。

任务 8.1 清洁维护服务机器人

根据本项目学习的服务机器人日常清洁步骤，对机器人 Yanshee 进行清洁。

任务 8.2 设计制作《服务机器人日常维护注意事项提示卡》

（1）分组讨论服务机器人日常维护注意事项的具体内容。

（2）拍摄正确操作服务机器人的照片备用。

（3）拍摄服务机器人使用中不良动作示范备用。

（4）制作《服务机器人日常维护注意事项提示卡》。

任务 8.3 机器人充电指示灯无绿灯故障处理

有一台 Yanshee 机器人充电指示灯无绿灯，请查阅《机器人 Yanshee 常见故障表》，尝试解决，并填写《机器人故障记录表》。

（1）认真观察故障现象，观察机器人 Yanshee 充电指示灯的状态。

（2）分析可能的故障原因。

（3）查阅《机器人 Yanshee 常见故障表》，根据排查措施，定位故障原因。

（4）根据故障原因处理故障，并检测问题是否已解决。

（5）填写《机器人故障记录表》，如图 8-36 所示。

机器人故障记录表

故障机器人编号：_____

故障机器人 MAC 地址后四位：_____

故障现象	
可能故障原因	
排查原因措施	
故障处理措施	
故障总结	问题是否解决：_____ 经验总结：

图 8-36 机器人故障记录表

任务 8.4 机器人系统恢复处理

有一台机器人 Yanshee 出现开机长时间无反应、机器人不上电、手臂不伸直等现象，初步检查电池、电源无异常后，判定机器人"变砖"的原因为系统问题，所以需对其进行系统恢复。请根据本项目所学的服务机器人固件升级方法，通过拆卡烧录升级方式对机器人进行系统恢复处理。

任务评价

完成本项目中的学习任务后，请对学习过程和结果的质量进行评价和总结，并填写评价反馈表（见表 8-3）。自我评价由学习者本人填写，小组评价由组长填写，教师评价由任课教师填写。

表 8-3　评价反馈表

班级		姓名		学号		日期		
自我评价	1. 能了解服务机器人的相关术语及定义					□是	□否	
	2. 能掌握服务机器人日常清洁步骤和注意事项					□是	□否	
	3. 能熟悉服务机器人常见故障原因和处理方法					□是	□否	
	4. 能了解服务机器人常见的硬软件故障案例					□是	□否	
	5. 能进行服务机器人日常清洁维护					□是	□否	
	6. 能观察服务机器人的故障现象并分析故障原因					□是	□否	
	7. 能排查服务机器人故障原因并处理、总结故障					□是	□否	
	8. 能对服务机器人进行固件升级					□是	□否	
	9. 在完成任务的过程中遇到了哪些问题？是如何解决的？							
	10. 能独立完成工作页 / 任务书的填写					□是	□否	
	11. 能按时上、下课，着装规范					□是	□否	
	12. 学习效果自评等级					□优　□良	□中　□差	
	13. 总结与反思							
小组评价	1. 在小组讨论中能积极发言					□优　□良	□中　□差	
	2. 能积极配合小组完成工作任务					□优　□良	□中　□差	
	3. 在查找资料信息中的表现					□优　□良	□中　□差	
	4. 能够清晰表达自己的观点					□优　□良	□中　□差	
	5. 安全意识与规范意识					□优　□良	□中　□差	
	6. 遵守课堂纪律					□优　□良	□中　□差	
	7. 积极参与汇报展示					□优　□良	□中　□差	
教师评价	综合评价等级： 评语： 　　　　　　　　　　　　　　　　　　　　教师签名：　　　　　日期：							

项目习题

一、选择题

1. 以下描述中，说法错误的是（　　　）。
   - A. 机器人关节的伺服舵机为精密产品，切勿擅自拆装；如需维修机器人，可到就近售后服务点，或与产品售后服务处联系
   - B. 在调试过程中，如果机器人出现异常情况，请立即按压紧急停止按钮，并切断电源，以防夹伤或机器损坏
   - C. 机器人出现非常见的故障，可以选择去附近的售后点验查或者选择寄修
   - D. 手拿人型机器人时可以随意地扯它的任何部位，因为现在科技已经很先进了，允许自由发挥

2. 以下关于服务机器人使用的说法中，错误的是（　　　）。
   - A. 机器人没有痛觉，可以随意放置，不用担心损坏
   - B. 当机器人在运行时，勿强行掰动关节以防夹伤或者损坏机器人
   - C. 使用机器人配备的原装充电器为机器人充电
   - D. 使用机器人时，需远离火源，同时注意保持产品的干燥和清洁

3. 服务机器人的典型故障可以根据产生故障的原因分为（　　　）两大类。
   - A. 典型故障和非典型故障
   - B. 常见故障和罕见故障
   - C. 本体故障和配件故障
   - D. 硬件故障和软件故障

4. 机器人和手机连接上了网络，但手机端扫描不出机器人，此时应该（　　　）。（多选题）
   - A. 确认机器人与移动设备是否连接上同一网络
   - B. 确认机器人是否被其他手机端连接上
   - C. 请确认网络信号是否良好
   - D. 耐心等候，可能自己就好了

5. 与机器人对话无应答，此时应该（　　　）。（多选题）
   - A. 确认机器人是否连接上网络
   - B. 确认网络信号是否良好
   - C. 确认机器人是否在休眠状态，先尝试唤醒机器人
   - D. 与机器人交流的距离保持在 50cm 以内最佳

6. 机器人没有声音，应该（　　　）。（多选题）
   - A. 可以跟机器人讲：声音调大
   - B. 在运动控制里，通过音量调节条将声音调大
   - C. 进行检测，检查机器人是否已经掉电
   - D. 与卖家联系

7. 机器人执行动作较容易出现站不稳的现象，应该（　　　）。（多选题）

　　A. 检查机器人舵机工作是否正常

　　B. 检查机器人舵机是否已经校正正确

　　C. 尝试重新校正舵机

　　D. 联系卖家

8. 关于机器人维修，以下说法正确的是（　　　）。（多选题）

　　A. 维修和测试只能由合格的技术人员操作

　　B. 必须确保所有的维修工作都要在防静电工作室内进行并需带上防静电手环

　　C. 维修完成后，确保所有电缆、连接器安装到位

　　D. 焊接需满足环保要求，无铅焊接

9. 机器人无法开机，可能原因为（　　　）。（多选题）

　　A. 连接器焊接问题　　　　　　　　　B. 电缆线序不对

　　C. 没有插电源　　　　　　　　　　　D. 舵机没有复位

10. 以下属于机器人关键零部件的是（　　　）。（多选题）

　　A. 舵机　　　　　　　　　　　　　　B. 电池

　　C. 主板　　　　　　　　　　　　　　D. 螺钉

11. 机器人无法录音的可能原因是（　　　）。（多选题）

　　A. 锂电池来料不良　　　　　　　　　B. MIC 麦克风板损坏

　　C. 树莓派板损坏　　　　　　　　　　D. 主板损坏

12. 机器人摄像头开启失败，可以采取的故障处理措施为（　　　）。（多选题）

　　A. 重启机器人

　　B. 查看摄像头调用进程，及时关闭

　　C. 更换新的摄像头

　　D. 舵机校正

13. 关于机器人故障，以下说法正确的是（　　　）。（多选题）

　　A. 机器人动作执行不标准、容易摔倒，造成这种现象的可能原因是机器人舵机在长期使用过程中产生虚位角度偏差

　　B. 与机器人对话无应答的可能原因是机器人没有连接上网络

　　C. 充了很久电，机器人还是显示电量低，出现这种现象时请检查充电状态指示灯是否亮起，检查适配器插头与机器人充电接口是否接触正常

　　D. 机器人出现舵机故障需要排查舵机接线和插座连接的可靠性和正确性

二、判断题

1. 手拿人型机器人时可以随意地扯它的任何部位，因为现在科技已经很先进了，允许自由发挥。（　　　）

2. 服务机器人不怕火，不怕摔。（　　　）

3. 在平整的地面或桌面上运行机器人，切勿将机器人置于倾斜面或者边沿处。（　　　）

4. 当机器人在运行时，与之保持适当距离，防止被撞伤。（　　　）

5. 打开摔倒管理功能后，机器人会在检测到身体大幅前后倾斜时自动爬起。（　　　）

6. 当机器人在运行时，勿强行掰动关节以防夹伤或者损坏机器人。（　　　）

7. 必须使用机器人配备的原装充电器为机器人充电，否则容易造成对机器人的损伤。（　　　）

8. 机器人关节的伺服舵机为精密产品，切勿擅自拆装；如需维修机器人，可到就近售后服务点，或与产品售后服务处联系。（　　　）

9. 在调试过程中，如果机器人出现异常情况，请立即按压紧急停止按钮，并切断电源，以防夹伤或机器损坏。（　　　）

10. 机器人出现非常见的故障，可以选择去附近的售后点验查或者选择寄修。（　　　）

11. 机器人出现常见的故障，可以先尝试自己查找原因、尝试解决。（　　　）

12. 机器人 Yanshee 正常开机后，左臂舵机出现掉电状态，左臂可以自由抬降，造成这种现象的原因可能是左边手臂舵盘未正确对位。（　　　）

附　录

附表 A　机器人舵机名称与舵机角度值

序号	ServoName（舵机名称）	angle（可运行角度范围）（°）
1	RightShoulderRoll	0~180
2	RightShoulderFlex	0~180
3	RightElbowFlex	0~180
4	LeftShoulderRoll	0~180
5	LeftShoulderFlex	0~180
6	LeftElbowFlex	0~180
7	RightHipLR	0~120
8	RightHipFB	10~180
9	RightKneeFlex	0~180
10	RightAnkleFB	0~180
11	RightAnkleUD	65~180
12	LeftHipLR	60~180
13	LeftHipFB	0~170
14	LeftKneeFlex	0~180
15	LeftAnkleFB	0~180
16	LeftAnkleUD	0~115
17	NeckLR	15~165

附表 B　机器人舵机名称说明列表

序号	ServoName（舵机名称）	字段说明
1	RightShoulderRoll	servo No.1 右肩前
2	RightShoulderFlex	servo No.2 右肩侧
3	RightElbowFlex	servo No.3 右肘侧
4	LeftShoulderRoll	servo No.4 左肩前
5	LeftShoulderFlex	servo No.5 左肩侧
6	LeftElbowFlex	servo No.6 左肘侧
7	RightHipLR	servo No.7 右髋前
8	RightHipFB	servo No.8 右髋侧
9	RightKneeFlex	servo No.9 右膝
10	RightAnkleFB	servo No.10 右踝前
11	RightAnkleUD	servo No.11 右踝侧
12	LeftHipLR	servo No.12 左髋前
13	LeftHipFB	servo No.13 左髋侧
14	LeftKneeFlex	servo No.14 左膝
15	LeftAnkleFB	servo No.15 左踝前
16	LeftAnkleUD	servo No.16 左踝侧
17	NeckLR	servo No.17 头转

参 考 文 献

［1］郭彤颖，张辉.机器人传感器及其信息融合技术［M］.北京：化学工业出版社，2017.

［2］丁亮，姜春茂，于振中.人工智能基础教程：Python 篇（青少年版）［M］.北京：清华大学出版社，
　　2019.

［3］深圳市优必选科技股份有限公司.Yanshee 机器人产品介绍［Z］.2020.

［4］深圳市优必选科技股份有限公司.Yanshee 机器人产品测试作业指导书［Z］.2020.

［5］深圳市优必选科技股份有限公司.Yanshee 硬件故障案例［Z］.2020.

［6］深圳市优必选科技股份有限公司.Yanshee 产品维修指导书［Z］.2018.